採用自然素材製作

親子DIY 雜貨&玩具

野外教育指導員／Sustainable Academy Japan 副代表 光橋 翠✿監修

現役媽媽編輯團隊 machitoco✿編　王曉維✿譯

漢欣文化事業有限公司
Han Shin Cultural Enterprise Co., Ltd.

採用自然素材製作 **親子 DIY 雜貨&玩具**

目錄

前言

微微搖動的樹葉與小樹枝、
閃閃發光的海邊小石頭與貝殼，
大自然中有許許多多令人開心興奮的「寶物」！

本書中會介紹許多運用大自然的「寶物」
來製作手工作品的創意點子。

在大自然中發現的東西，
有各式各樣的顏色、形狀和大小。
一邊思考這些東西可以做出什麼樣的作品，
來製作世界上獨一無二、充滿樂趣的獨創作品吧！

偶爾也可以出門到較遠的地方去尋找這些素材，
就算是在經常玩耍的公園裡，
一定也可以找到許多適合勞作的素材！

那麼，就讓我們出門去，從找尋寶物開始吧！

藉由與大自然的接觸來提升孩子的想像力

對孩子們而言，在大自然中玩耍，能夠幫助運動神經發達，並透過五感的刺激對腦部發育有良好的作用。此外，也具有培養他們對於大自然關懷之心的效果。藉由讓孩子們參與從優美且多樣性的大自然中取得靈感創作而成的「自然勞作」，不但可以讓他們有接觸大自然的機會，同時也能幫助他們培養觀察力與想像力。

本書所介紹的作品，都是由目前在國內外備受矚目的、以幼兒為主的野外教育思考方式為基礎而創作的。這些作品的目的包含了磨練五感、激發好奇心、玩得盡興、培養思考能力、豐富想像力等等（※）。不要只侷限於按照本書範本去完成這些作品，而是在製作的過程中去享受各式各樣的體驗及發現，親子同樂一起去完成吧！

監修者 光橋 翠

※ 各作品的目的記載於符號處。可當作是想要讓作品更加豐富時的啟示，或是與作品相關聯的大自然體驗的建議，敬請靈活運用。

❇ 本書可以完成的作品 ❇

運用這些材料！

葉子　樹枝　果實

花朵　石頭　貝殼　蔬菜

可以完成這些作品！

遊玩

使用

裝飾

觀察

其他還有很多喔！請把書翻開來看看吧！

朝著山上出發前進吧！

鐵路立體模型

作法在第8頁

いずみのもり
いわやま
おはなばたけ

鐵路立體模型

材料

葉子　樹枝　果實　花朵　石頭

・繩子　・不織布　・紙黏土

工具

・壓克力顏料　・畫筆　・筆
・接著劑　・熱融膠　・剪刀　・錐子

用石頭和樹枝可以做什麼？

可以用小石頭來做火車、細樹枝來做鐵軌、一片葉子來做樹木。可以做出許多小東西，一起來玩刺激好玩的鐵路遊戲吧！

✤ 作法 ✤

《火車》

在作為車身的石頭上，用顏料上色，畫出圖案來。＊想要幾個車廂就做出幾個車廂。

從下面看過去

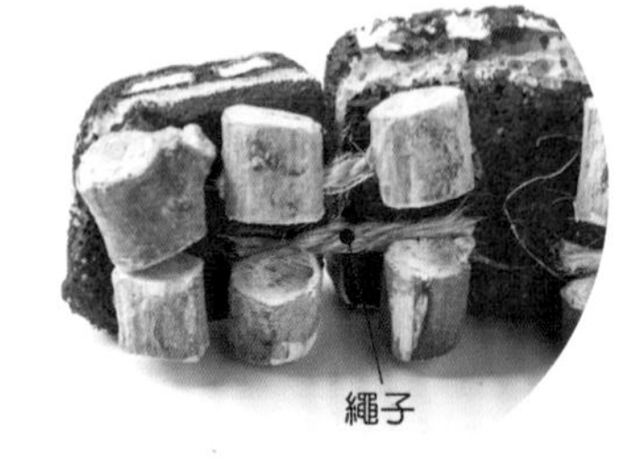

用接著劑將繩子黏在車廂之間的下面。樹枝做成的車輪也用接著劑黏上去。

《鐵軌》

在2根長樹枝之間，用接著劑黏上短樹枝當作鐵軌。

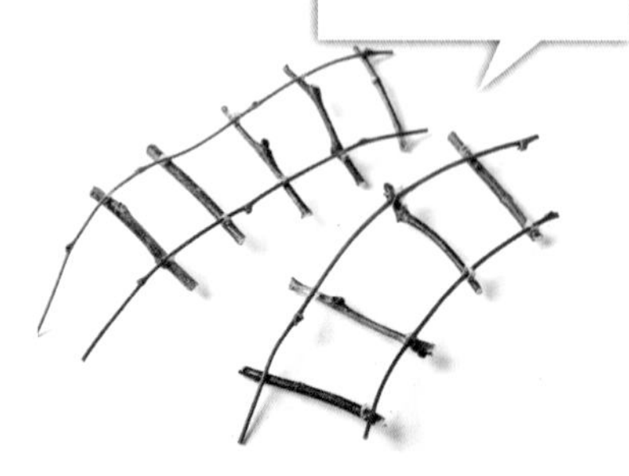

做出許多鐵軌，包括轉彎以及直線的部分，然後組合在一起來玩。

《樹木》

1 用錐子在粗樹枝的正中央鑽洞。

2 將葉子及樹枝插入1的洞裡，用接著劑黏好。

《隧道》

將石頭以熱融膠黏在一起，做成隧道的形狀。＊為了不讓它倒下，請用多一點熱融膠來黏牢。

《房屋》

1 在粗樹枝上用顏料上色，乾燥後畫上窗戶。

2 用紙黏土做出屋頂的形狀，放在1上，待其乾燥。

3 在2做好的屋頂上，以接著劑黏上樹葉。

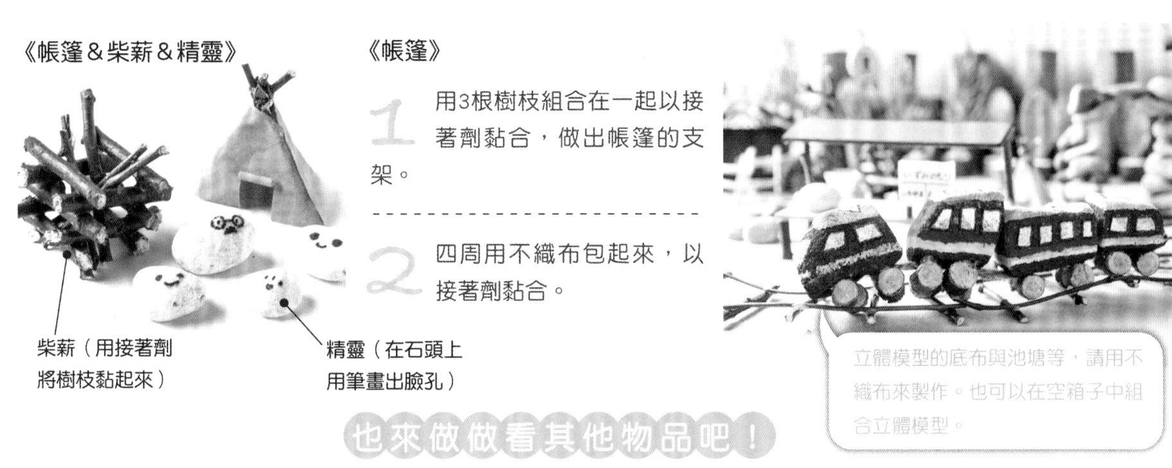

《帳篷》

1 用3根樹枝組合在一起以接著劑黏合，做出帳篷的支架。

2 四周用不織布包起來，以接著劑黏合。

也來做做看其他物品吧！

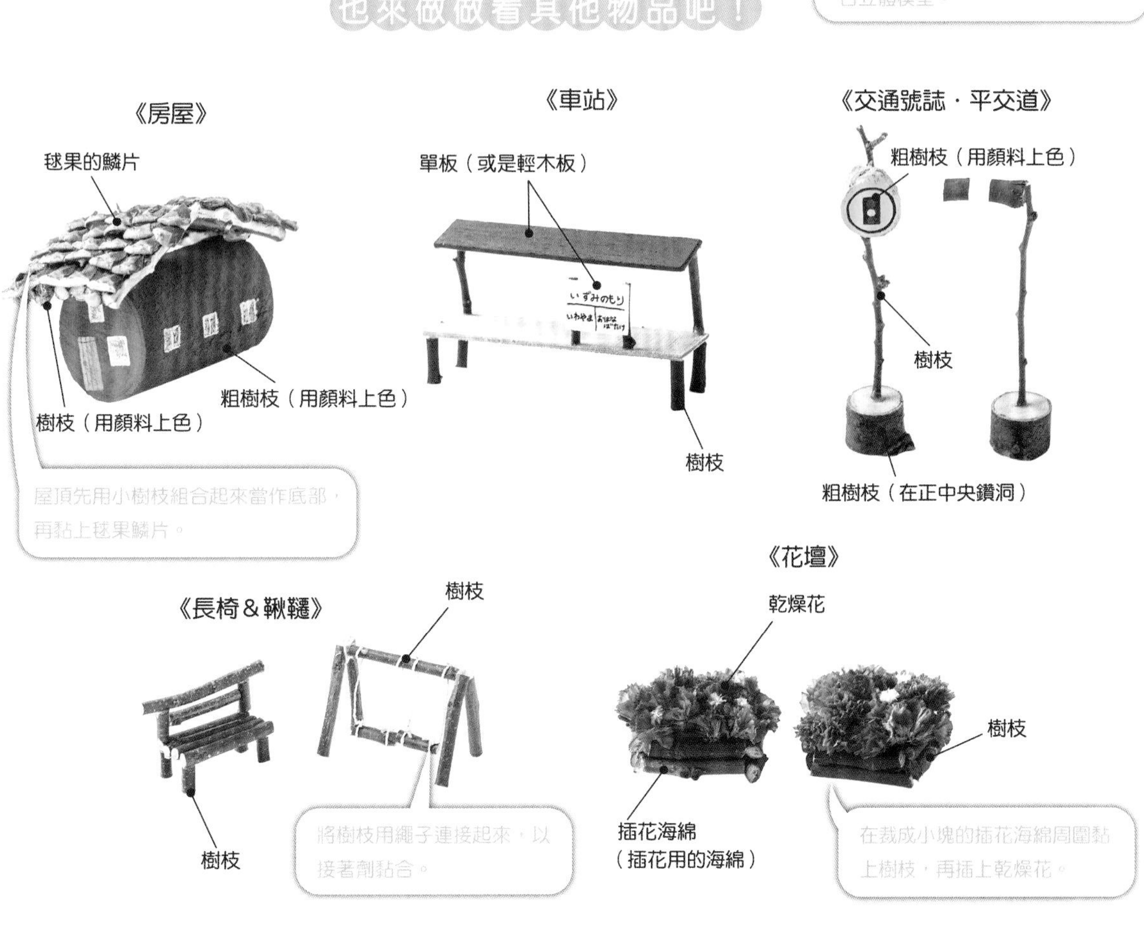

【給家長的話】

這是所有配件都使用自然物品來完成的立體模型。小葉子可以做成一棵大樹、小石頭則可以當作大岩石等等，在自然界中，有些東西的一小部分與整體形狀是很相似的。以這種關聯性為線索，運用想像力，去想像這些收集回來的素材像什麼東西，自由地創作吧！只要不將各個配件固定在底布上，每一次遊玩時就可以重新更換位置，增加樂趣。

一邊思考形狀一邊收集

樹葉歌牌

※狗

※螞蟻

※兔子

※蝦夷鹿

※狼

樹葉歌牌

材料

葉子
（壓過的乾樹葉）

・圖畫紙

工具

・糨糊（澱粉糊）
・筆（或是顏料與畫筆）

可以做出什麼形狀呢？

依照樹木的種類和季節而異，葉片・枝幹・果實的顏色與形狀也都各不相同。請收集許多葉子，做出你喜歡的形狀吧！

【準備】

收集各種形狀的葉片。將葉片壓成乾燥葉（作法在51頁）。＊花朵、莖幹及果實也都收集起來使用。

✤ 作法 ✤

1 在圖畫紙上將樹葉試著擺成喜歡的形狀。＊房屋或是交通工具等，可以擺成各種形狀！

2 決定好形狀之後，將樹葉用糨糊黏在圖畫紙上。＊由於葉子表面凹凸不平，糨糊要稍微塗多一點。

3 用筆或顏料畫上動物的眼睛，寫上做出來的形狀的名稱。＊最後再護貝起來，就能夠長久保存。

狗尾草最適合拿來當作尾巴！！
乾燥的壓葉與壓花非常容易破裂，在畫眼睛時，請輕輕地畫上去以免破損。

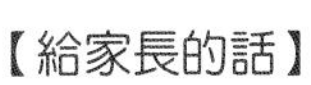

【給家長的話】
可以先決定想做的形狀再收集材料，或是之後再想想收集到的材料可以做成什麼東西，請讓孩子們發揮想像力地製作，在一旁守護他們吧！藉由接觸各種顏色與形狀的葉子與果實，也能夠讓孩子們去發現植物的多樣性。如果做成卡片，還可以親子同樂一起玩歌牌遊戲喔！

研究各個季節的葉子來做成裝飾品

掛飾

掛飾

材料

- 葉子（壓過的乾樹葉）
- 樹枝
- 麻布
- 紙
- 繩子

工具

- 壓克力顏料
- 畫筆
- 筆
- 接著劑
- 錐子

這是什麼樹的葉子？

在公園裡收集葉子，去研究看看那是什麼樹的葉子。此外，也研究看看圍繞在這些樹及葉子的周圍都是些什麼生物。如此一來，就能完成自己獨創的樹葉圖鑑了。

也來做做看其他物品吧！

將葉子按照顏色變化的順序排好，可以表現出從嫩葉到回歸大地為止的「樹葉的一生」。

✤ 作法 ✤

1 將麻布用顏料塗成白色。＊塗成白色後，葉子的顏色就會變得更明顯。也可以用白布或厚紙板來代替麻布。

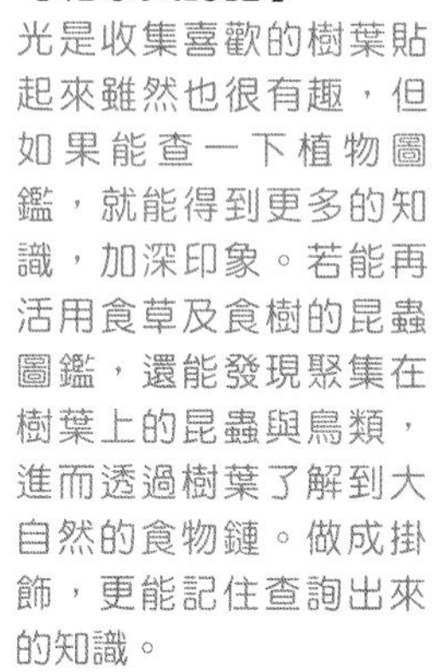

【給家長的話】
光是收集喜歡的樹葉貼起來雖然也很有趣，但如果能查一下植物圖鑑，就能得到更多的知識，加深印象。若能再活用食草及食樹的昆蟲圖鑑，還能發現聚集在樹葉上的昆蟲與鳥類，進而透過樹葉了解到大自然的食物鏈。做成掛飾，更能記住查詢出來的知識。

2 將壓過的乾樹葉（作法在第51頁）用接著劑黏上去。＊乾樹葉很容易破裂，請小心進行。

3 在麻布上用錐子鑽洞，穿上繩子，再用接著劑黏上樹枝。＊如照片般用顏料為樹枝上色也很可愛。

製作喜愛的圖案！

名稱：
查詢圖鑑後寫上去。

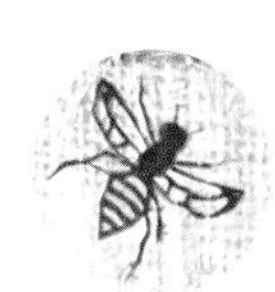

生物：
畫在紙上後剪下來，貼在麻布上。

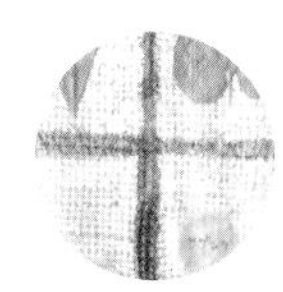

樹木：
先在麻布上畫底稿，不塗上白色顏料，保留樹木的形狀。

滾動橡實來玩遊戲

迷宮遊戲

※ 中獎　※ 中大獎　※ 未中獎　※ 中大獎　※ 再玩一次　※ 未中獎　※ 開始

迷宮遊戲

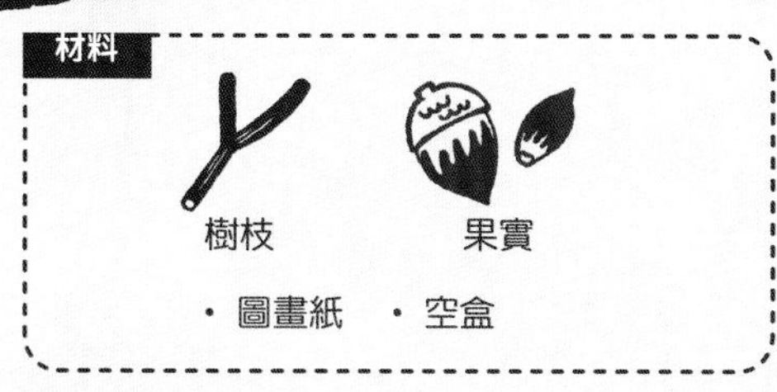

・圖畫紙　・空盒

工具

・鉛筆　・剪刀
・糨糊　・接著劑　・筆

會聚集哪些動物呢？

將會群集在橡樹周圍的動物們隱藏在遊戲中。快來滾動橡實，目標是「中大獎」！

✤ 作法 ✤

1 在圖畫紙上用鉛筆畫出底稿，再用剪刀剪下來。＊請畫出橡樹、葉子以及群集在橡樹周圍的動物。

2 配合空盒大小裁剪圖畫紙，用糨糊黏上1剪好的動物們，再將圖畫紙用糨糊黏在空盒裡。

3 決定好起點與終點，將間隔用的樹枝以接著劑黏上去。在圖畫紙上寫下「開始」及「中獎」等文字，剪下來後黏上去。在抵達下方的中途各處以接著劑黏上樹枝與橡實。

使用74頁的模板來製作吧！

\完成了！/

傾斜盒子讓橡實不斷滾動地來玩。也可以增加中途的樹枝數量，提高難度喔！

【給家長的話】
橡實是許多動物的食物，在大自然中佔有相當重要的地位。在製作這個遊戲的底稿時，先調查一下有哪些動物會聚集在橡樹周圍，再進一步調查這些動物與橡樹之間是以什麼樣的關係來彼此生存的，這樣也很有意義喔！

快樂的森林夥伴們大集合

森林動物園

作法在第18頁

ZOO
information

森林動物園

能夠做出什麼樣的動物呢？

長長的腳就用樹枝來做，而大大的身體就用毬果來完成。將收集回來的材料加以裁剪再連接起來，組合成動物的身體吧！

【準備】

先想好要如何用收集回來的材料做成動物的頭、身體、腳等等。

✤ 作法（羊）✤

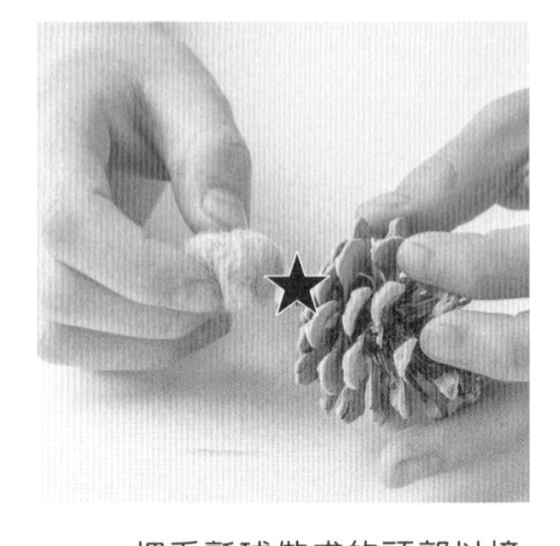

1 把毛氈球做成的頭部以接著劑黏在毬果的★號處。

＊毬果要顛倒過來使用。

2 將毬果的鱗片及珠子等黏在毛氈球上，做成臉部。

✤ 作法（毛氈球）✤

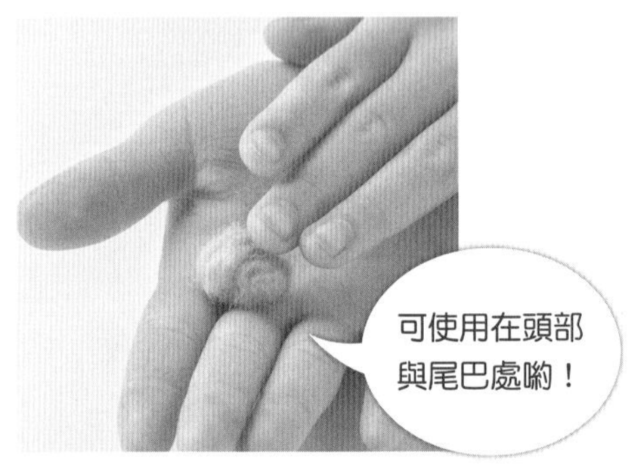

將羊毛氈撕下一小塊，捲成一個小球。再將它浸泡肥皂水，放在手心上來回滾動，乾燥之後就完成了。

＊可以一次做出各種不同大小備用。

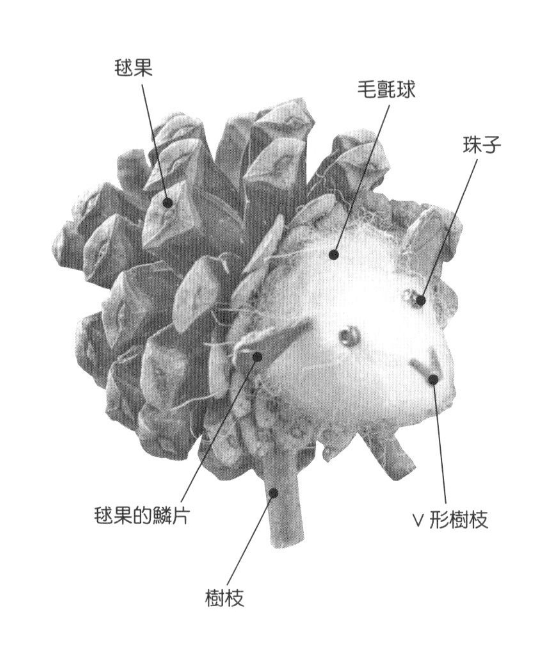

也來做做看其他物品吧！

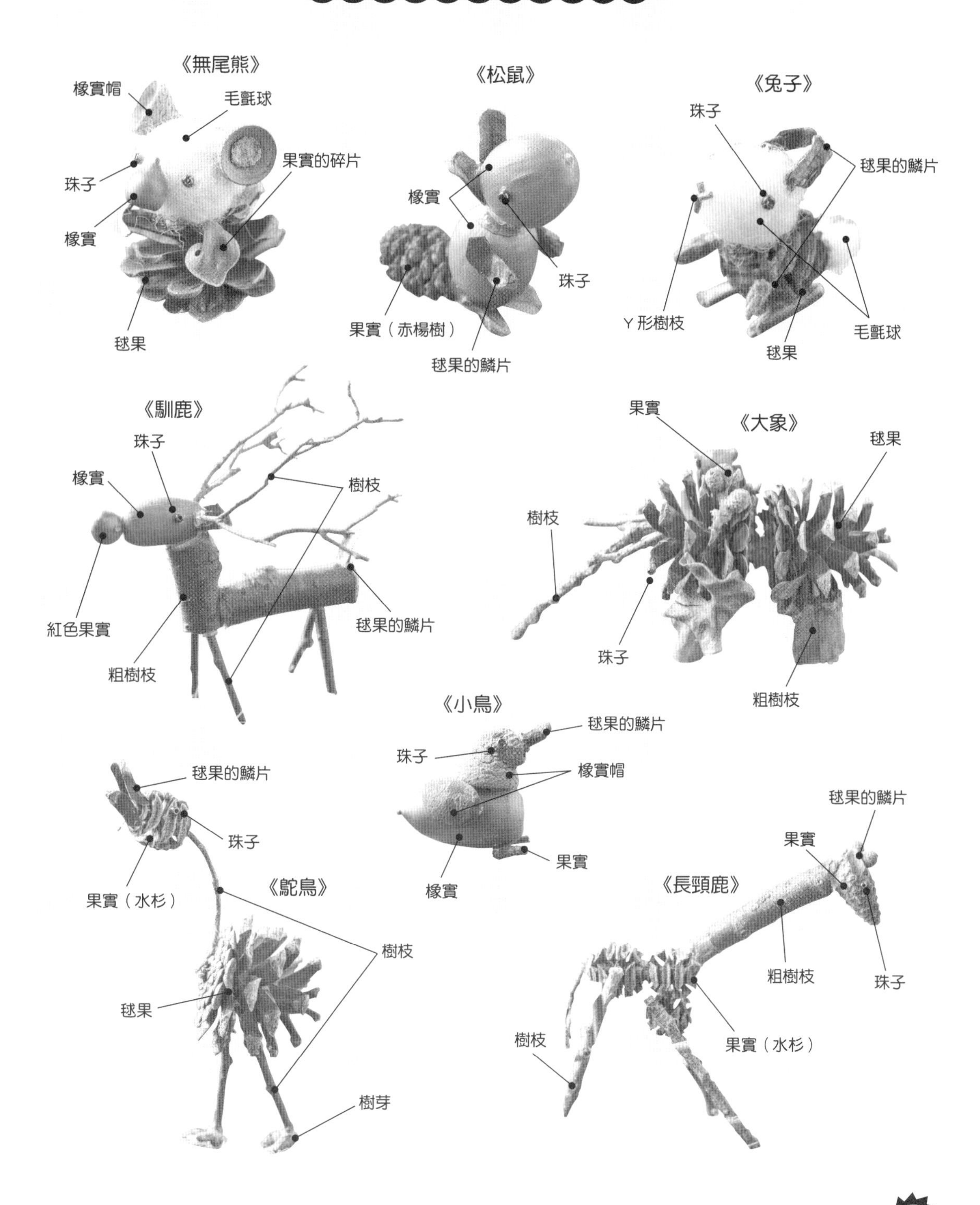

【給家長的話】
請試著發揮想像力，看收集回來的素材能夠做成哪些動物吧！可以去動物園看看，或是查閱動物圖鑑，仔細觀察動物的特徵來製作。如果可以活用羊毛氈做成的毛氈球，能夠做出來的動物範圍就會變得更加廣泛。

用樹葉拓印畫妝點的外出小物

T恤&包包

作法在第22頁

切下蔬菜來蓋章

特別篇 圍裙＆手帕

作法在第23頁

T 恤＆包包

材料

葉子
（壓過的乾樹葉）

果實

・素面的包包與 T 恤

工具

・繪布顏料　・畫筆　・紙
・瓦楞紙　・布料　・橡皮筋

葉子上有哪些圖案呢？

葉子上有輸送水分及營養的葉脈。做成拓印畫時，這些葉脈會明顯地浮現出來，成為美麗的圖案。請做多一些，觀察它們有哪些圖案吧！

【準備】

✤ 作法 ✤

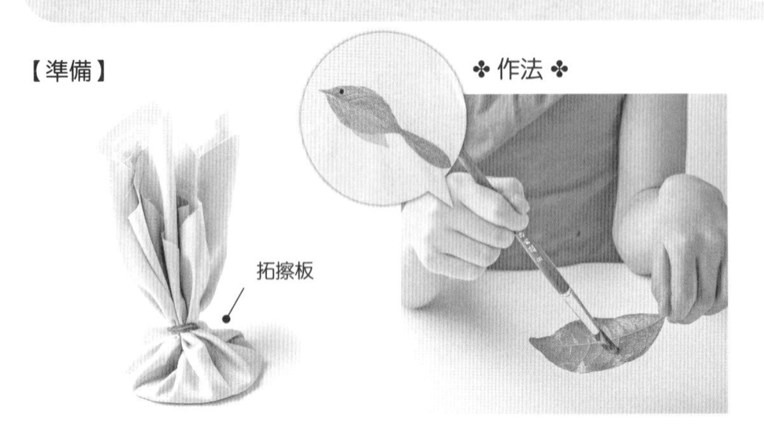

拓擦板（馬連）：將瓦楞紙剪成圓形，用布包起來，以橡皮筋固定。
葉子：先將較厚的葉子壓成乾樹葉，使其平整。

1 將顏料以少許的水稍微溶開，塗在整面葉子上。＊選擇葉脈清晰的葉片，成品就會很漂亮。請注意不要塗上太多顏料。

2 在要拓印的地方，將1塗好顏色的那一面葉片朝下，放在布上。在葉子上方放一張紙，隔著紙張以拓擦板仔細地摩擦。

Point

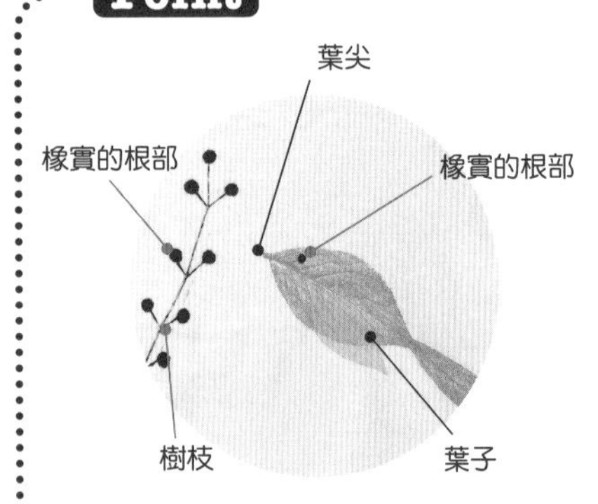

葉尖可以當作鳥喙，用不同顏色的葉子疊在一起當作翅膀，做出小鳥的形狀。也可以使用樹枝與果實。

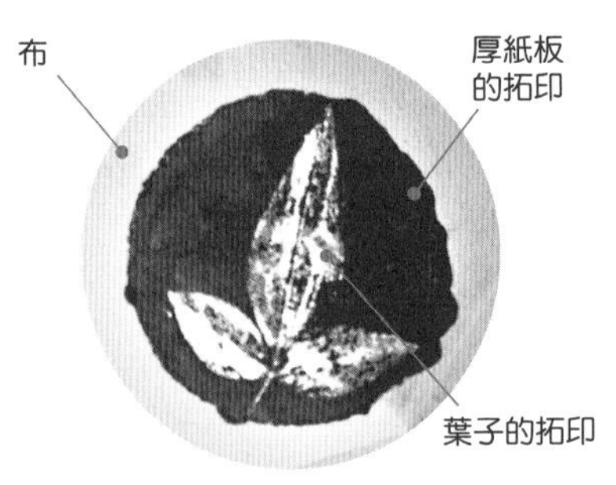

將厚紙板裁成圓形，塗上顏料後拓印圖案；等乾了之後，用白色顏料塗在葉子上，再印上葉子圖案。

圍裙＆手帕

材料

・蔬菜
・素面的圍裙與手帕

工具

・繪布顏料　・畫筆

這是哪種蔬菜的圖案呢？

以平日食用的蔬菜來做印章吧！可以看到各種意想不到的形狀。使用做菜時切下來要丟掉的部分，試著做出各種圖案來。

✤ 作法 ✤

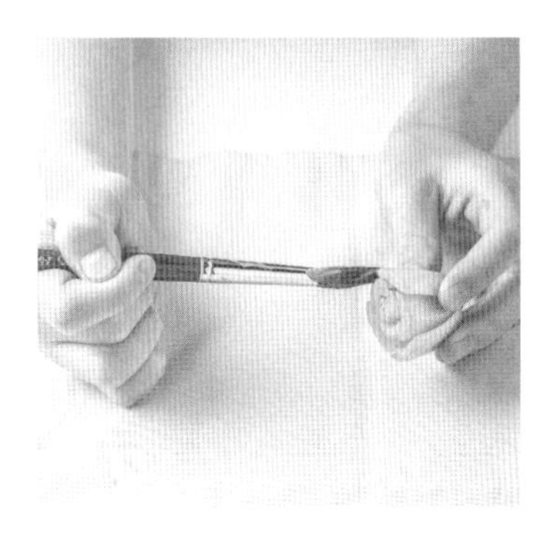

1 切下想要當作蔬菜印章圖案的部分。觀察切口的形狀來決定圖案。＊不同的切法及切開部位，切口圖案也會有所不同，請找出圖案較有趣的蔬菜來做。

2 在1的切口塗上顏料。

3 用2的切口按壓出圖案。

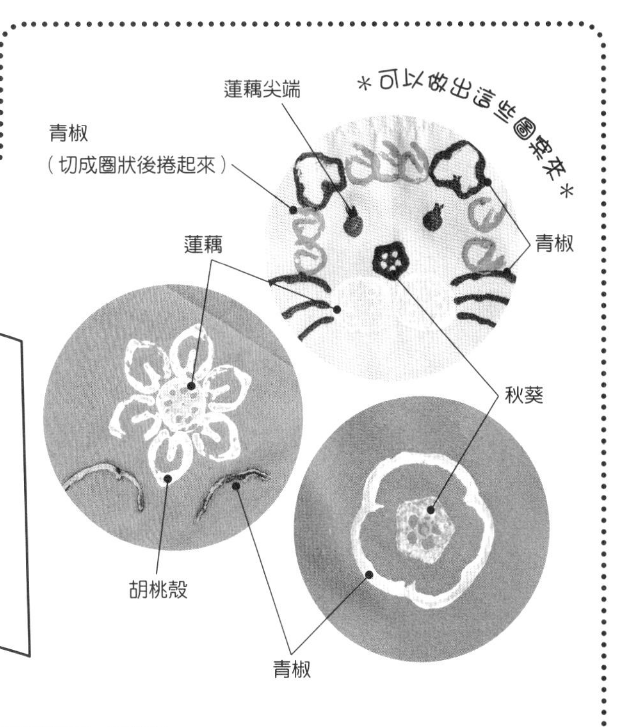

建議使用這些蔬菜

在做菜時總是會丟棄的部分，如果拿來做成印章，會發現許多有趣的圖案。請嘗試用各種不同蔬菜來蓋章吧！

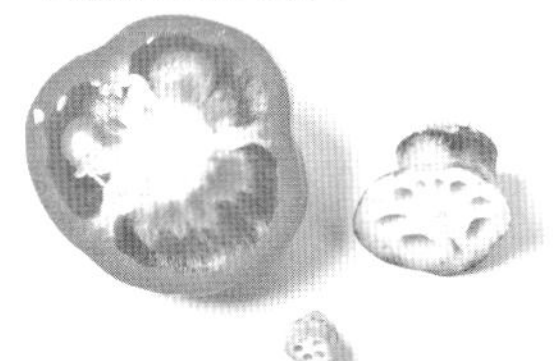

・青椒
・秋葵
・蓮藕
・青江菜
・包心菜
・蘿蔓萵苣

小松菜與蘿蔓萵苣等葉菜類的根部切口可以蓋出玫瑰花的形狀，真有趣。

小鳥們也愛不釋手的餵食台

小鳥餵食台

作法在第26頁

樹枝

只抓住好夢，讓人幸福的魔法

捕夢網

作法在第26頁

來多做幾隻栩栩如生的小鳥吧！

樹梢的小鳥

作法在第27頁

翠鳥　綠繡眼　白腹琉璃　赤翡翠

小鳥餵食台

材料

・木盒
・繩子

工具

・接著劑（或是熱融膠）
・小五金（吊環螺栓）

會有哪些小鳥聚集而來呢？

在空盒上裝飾樹枝及果實，就可以變成小鳥餵食台。放入穀物及水果等食餌，等待野鳥來吃吧！

✤ 作法 ✤

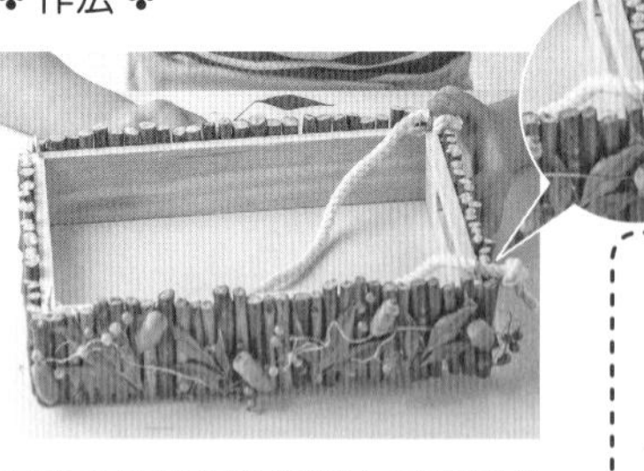

在木盒的四個角落裝上吊環螺栓及繩子，然後在木箱的外圍用接著劑黏上樹枝、果實與葉子來做裝飾。

【食餌的種類】

白頰山雀、赤腹山雀喜歡吃葵瓜子；金背鳩、野鴿喜歡吃穀物（玉米、稗子、小米等）；棕耳鵯、綠繡眼喜歡吃水果（蘋果、柑橘、柿子）及果汁。在裡面放入各式各樣的食餌，觀察看看有哪些小鳥會來吃吧！

【使用方式】

◆在作品裡放入盤子，上面放食餌。

◆使用較長的繩子在木盒上打結固定，用S型掛勾掛在樹枝上。

◆小鳥餵食台要掛在從家裡的窗戶可以清楚看見、又不會淋到雨的地方。

捕夢網

材料

・毛線　・珠子
・鐵絲　・羽毛

工具

・接著劑（或是熱融膠）

能夠看見什麼樣的夢呢？

使用藤蔓植物來製作美國自古就流傳下來的護身符吧！據說可以趕走噩夢、迎來好夢喔！

✤ 作法 ✤

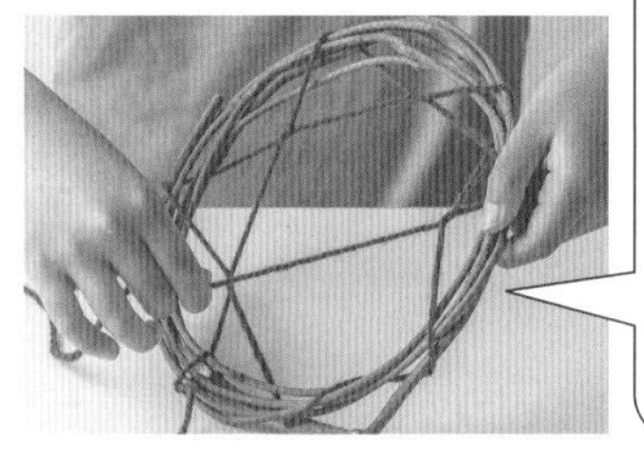

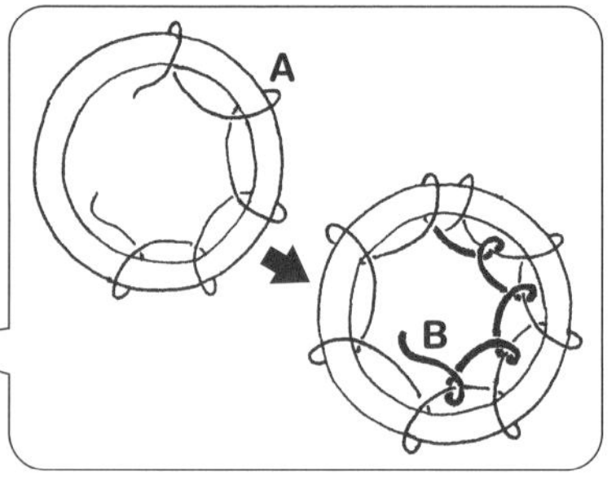

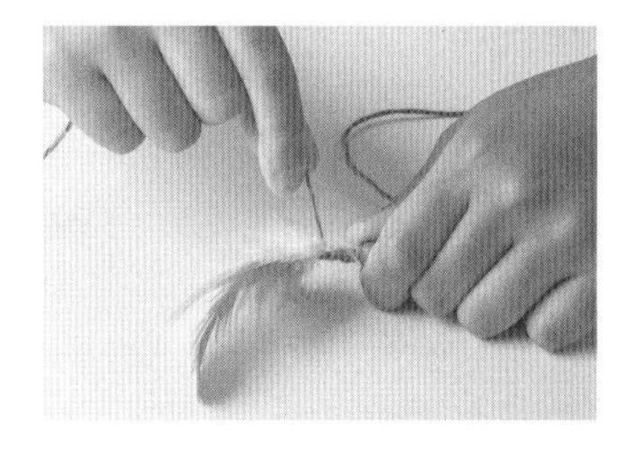

1 用藤蔓做出大大的圓圈，再用鐵絲固定住3～4個地方。然後開始用毛線纏繞起來，往中心方向編織。

在樹枝上（A）纏繞一圈後，再繼續纏繞毛線（B）。直到中心的孔洞變小，就可以停止編織。

2 在毛線的兩端綁上羽毛，固定在1做好的圓圈上。

＊在綁上羽毛的同時，也可以加上珠子來做裝飾。

樹梢的小鳥

材料

- 樹枝
- 毛線
- 不織布
- 廚房紙巾
- 鐵絲
- 珠子
- 羽毛

工具

- 接著劑
- 剪刀

你喜歡的小鳥是什麼顏色的？

小鳥身上有各式各樣的顏色及花紋。去觀察在公園見到的小鳥，然後用圖鑑查詢牠的名稱與特徵，來做出栩栩如生的小鳥吧！

✤ 作法 ✤

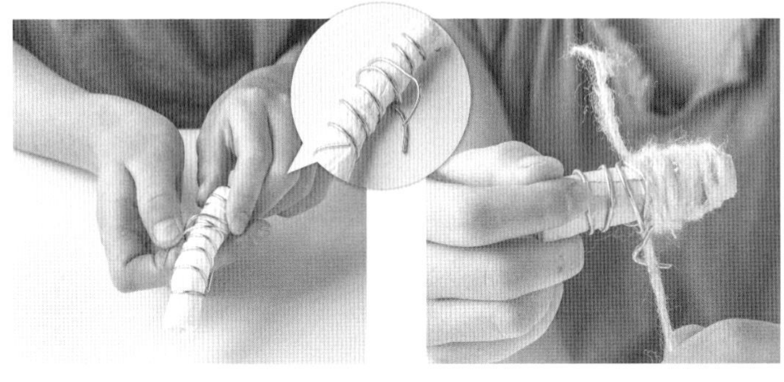

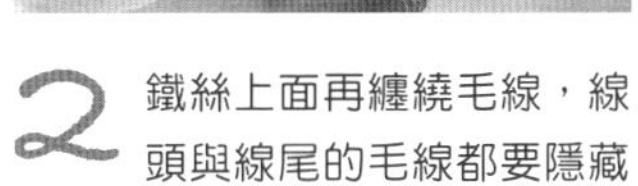

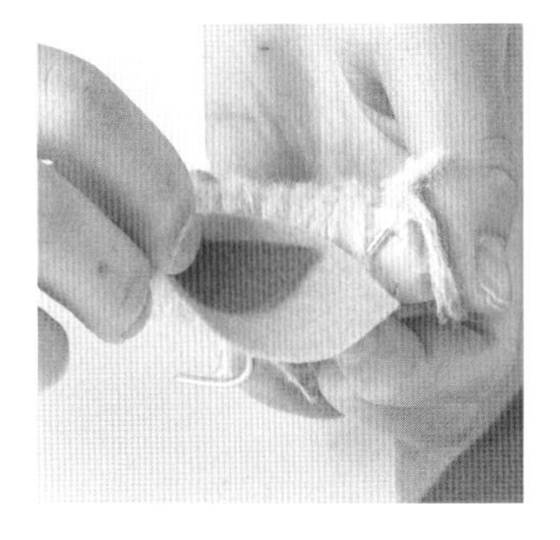

1 將廚房紙巾捲成5cm的長條形，綁上鐵絲。＊鐵絲的尖端是小鳥的腳。

2 鐵絲上面再纏繞毛線，線頭與線尾的毛線都要隱藏到裡面。＊纏繞時要隱藏住鐵絲。

3 將不織布剪成翅膀及鳥喙的形狀，再用接著劑黏在2做好的毛線棍上。

4 將毛線剪成小段，用接著劑黏在頭頂、尾巴、翅膀等處，黏上珠子當作眼睛。最後讓小鳥停在樹枝上。

《翠鳥》

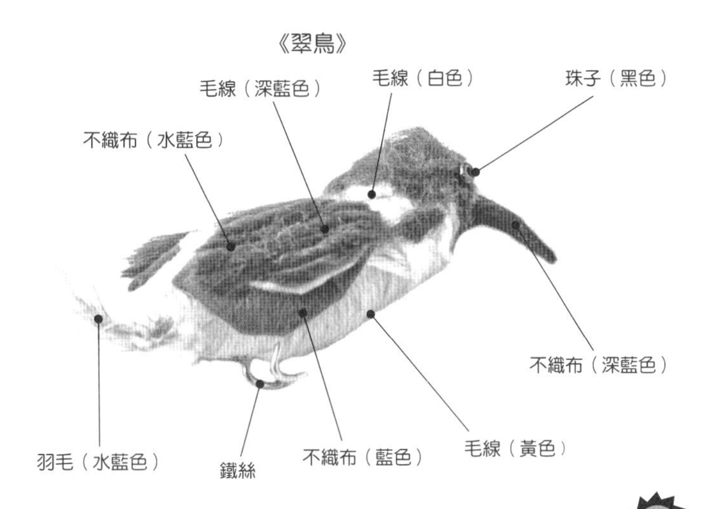

【給家長的話】
決定好想要製作的小鳥後，就翻閱鳥類圖鑑，仔細觀察小鳥的頭部、翅膀、腹部等小地方。只要培養出敏銳的觀察力，對於身邊的小鳥就會越來越感興趣。

為森林裡的小精靈們創造故事吧！

蘑菇家族

作法在第30頁

充滿木頭溫馨風情的手作飾品

森林的向陽小物

作法在第31頁

蘑菇家族

材料

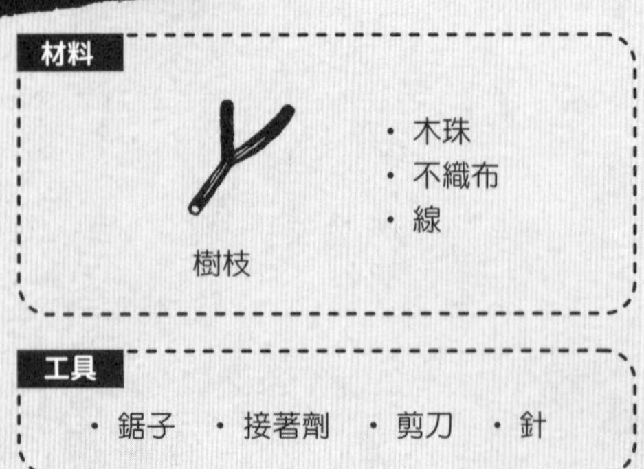

- 木珠
- 不織布
- 線

工具

・鋸子 ・接著劑 ・剪刀 ・針

小精靈們都在做些什麼呢？

粗大的樹枝是爸爸、細小的樹枝是小孩……創造出一個在森林深處愉快生活的精靈家族的故事來玩吧！

✤ 作法 ✤

1 用鋸子鋸開樹枝，在樹枝上用接著劑黏上木珠（眼睛）及小樹枝（鼻子），做出臉孔。＊樹枝的凸起處也可以當作是鼻子。

✤ 作法（帽子）✤ ～以針線縫合時～

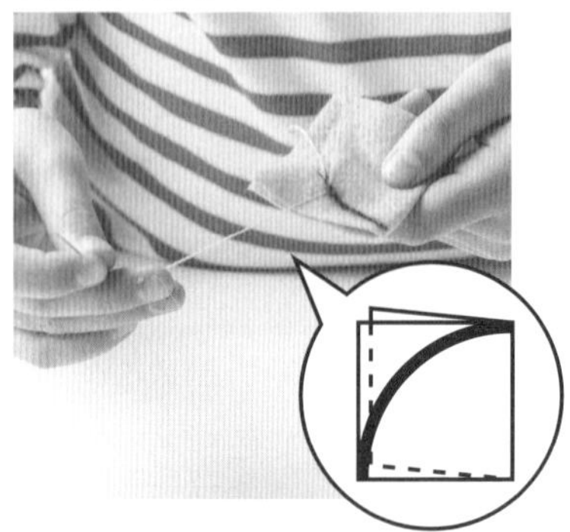

2 將剪成四方形的不織布對折。在粗線的地方用針線縫合，翻面。＊多餘的不織布用剪刀剪掉。

～以接著劑黏合時～

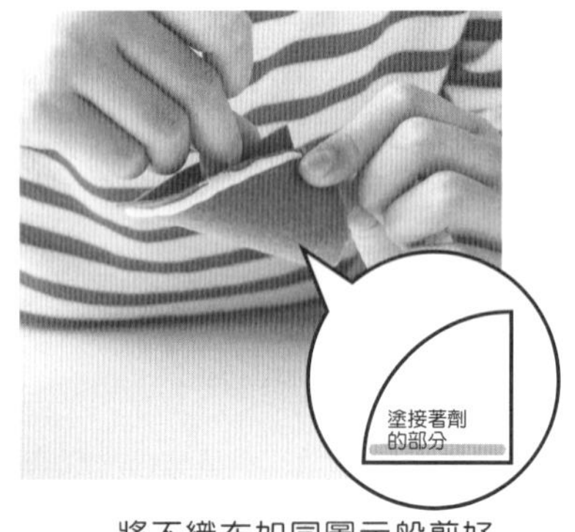

3 將不織布如同圖示般剪好捲起來，用接著劑黏合。＊請配合樹枝的粗細來調節黏合的位置。

也來做做看其他物品吧！

- 也可以在帽子上剪出切口，插入狗尾草來裝飾！
- 用紅色與白色的不織布，做出聖誕老人風的帽子吧！
- 橡實帽也很可愛呢！

用小樹枝做出房屋及家具，可以讓森林世界更加豐富有趣喔！

【給家長的話】
要讓孩子們想像出奇幻的故事，大自然就是最好的舞台。完成後，就在野外玩玩「扮家家酒遊戲」吧！加上小樹枝廚房或是落葉床鋪等等，如果再用身邊的自然素材做出各式小物，就可以讓故事更加精采，培養出更豐富的想像力。

森林的向陽小物

材料

樹枝　果實　石頭

・小五金（吊環螺栓）・繩子・胸針底座

工具

・鋸子・壓克力顏料・畫筆
・美工刀・接著劑（或是熱融膠）・彩色筆

今天的心情是什麼表情呢？

戴上充滿了木頭的溫馨氣氛的手作飾品，連心情也跟著溫暖了起來。請試著做出各式各樣的表情吧！

✤作法（胸針）✤

1 在用鋸子鋸開的樹枝圓段上，用橡實帽及小石頭排列成臉的形狀，用接著劑黏合。

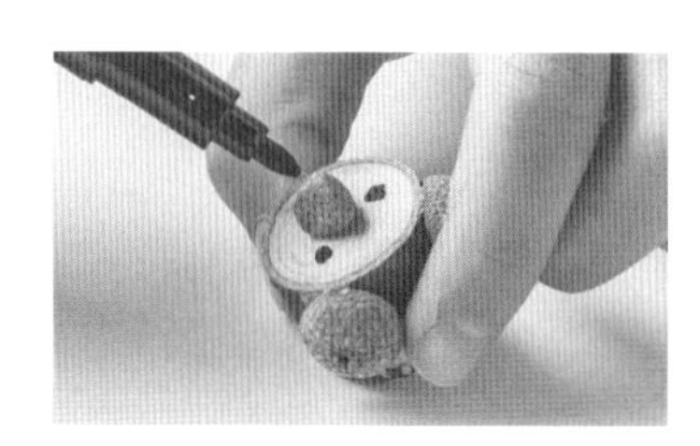

2 等接著劑乾了後，用彩色筆畫出表情。＊想要整張臉都上色的話，請在製做臉部前先塗上顏料。

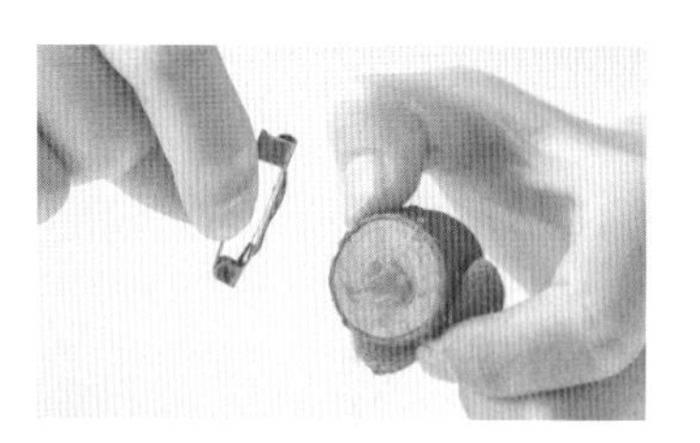

3 背面用接著劑黏上胸針底座。＊要等接著劑乾了才能使用。

✤作法（項鍊）✤

1 用鋸子將樹枝鋸成5～6cm，然後在樹枝的一端插入小五金。＊一邊扭轉一邊插入。

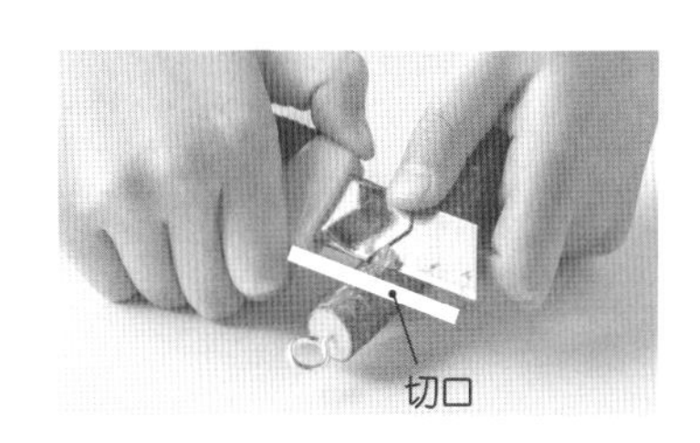

2 用美工刀削出臉部。＊先在樹枝上刻出切口，刀片與樹枝呈垂直方向地一點一點削除就可以削出臉部了。

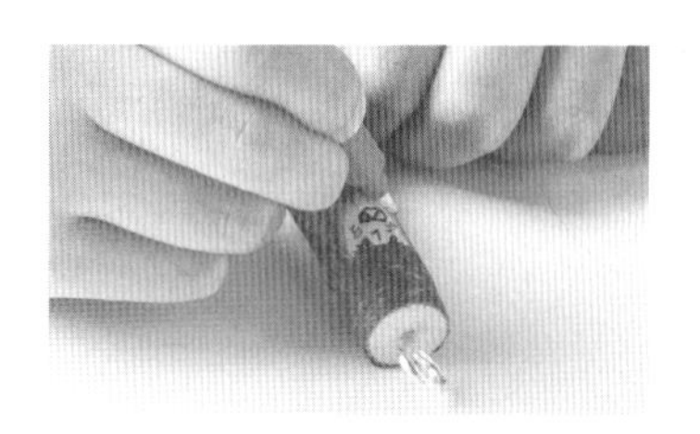

3 用彩色筆畫出臉部。在小五金上穿過繩子。＊將繩子縮短也可以當作吊飾來使用。

配合當天的心情，做出各式各樣的表情來吧！

【給家長的話】
要鋸較粗的樹枝時，因為會用到鋸子，必須請家長來幫忙處理（鋸法請參照P70）。另外，要用美工刀削出項鍊的臉部時，請注意不要將刀刃朝向自己的手，幫助孩子們一起來完成吧！

與朋友一起配戴也很棒喔！

寒冷的冬季裡，可以在家盡情享受裝飾的樂趣

❄雪花飾品 作法在第34頁

❄樹墩切片飾品 作法在第35頁

❄燭台 作法在第35頁

雪花飾品

材料

樹枝

・毛線　・線

工具

・接著劑（或是熱融膠）　・剪刀
・顏料　・畫筆

雪的顆粒是什麼形狀？

用放大鏡來觀察雪時，可以看到由小小的冰粒組成的六角形圖案。來做出各種圖案，為寒冷的冬季妝點出溫暖的感覺吧！

✤作法（星形）✤

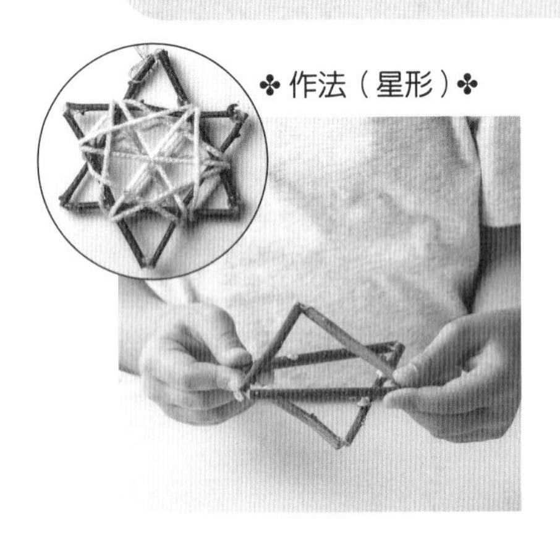

1 在6根樹枝的邊端塗上接著劑，先做出2個三角形。將這2個三角形上下顛倒重疊，再用接著劑黏合。

2 用毛線從樹枝重疊的地方開始，自由發揮創意地纏繞。

3 纏繞完畢之後剪掉毛線，用接著劑黏好固定。綁上垂吊用的線。

✤作法（結晶形）✤

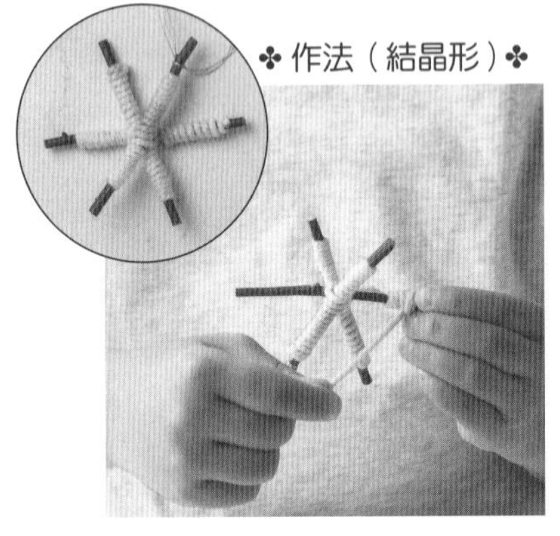

在交叉的3根樹枝正中央以接著劑黏合，每根樹枝用毛線一圈一圈地捲起來。然後綁上垂吊用的線。

也來做做看其他物品吧！

在樹枝前端用接著劑黏上2根小樹枝，完成更細緻的形狀。

用白色將樹枝塗成斑駁狀，看起來就像是上面有積雪的模樣！

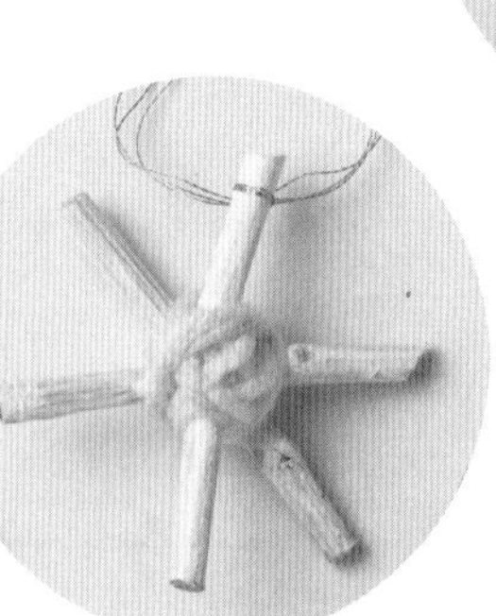

也可以在正中央捲上毛線。再將樹枝塗成白色，就更像真正的白雪了！

樹墩切片飾品

材料

樹枝

果實

・小五金（吊環螺栓）　・線

工具

・鋸子　・剪刀
・接著劑（或是熱融膠）

樹枝的切口是什麼圖案呢？

外皮是褐色的樹枝，內側看起來卻有著顏色偏白的漂亮年輪。將大小不同的樹墩切片組合在一起，就可以做成雪人喔！請試著用不織布與果實來製作臉部及衣服吧！

✤ 作法（雪人）✤

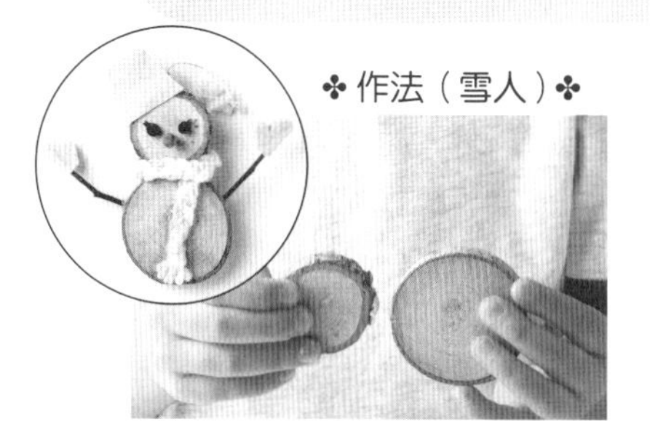

1 在用來當作頭部的樹墩切片（用鋸子鋸成圓片）上插入小五金，用接著劑黏上作為身體的圓片。

2 用果實來製作臉部，以小樹枝當作雙手。將不織布用接著劑黏在頭上，做成帽子。

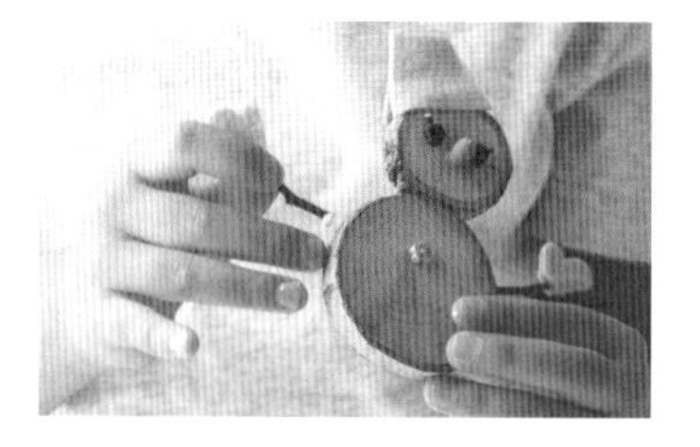

3 將剪成手套形狀的不織布用接著劑黏在小樹枝前端，再將小樹枝與身體黏合。將毛線編成麻花辮當作圍巾，圍在脖子上。

燭台

材料

樹枝

果實

・板子　・圖畫紙

工具

・壓克力顏料　・油性筆（白色）
・畫筆　・接著劑（或是熱融膠）

冬天的步道上會有哪些東西呢？

即使是寒冷的冬天，只要走入大自然中，一樣可以發現許多寶物。來收集橡實及毬果，作為燭台的裝飾物吧！

✤ 作法 ✤

1 將作為底台的板子及毬果塗上白色顏料。＊可以在毬果上塗出斑駁的白色，做成積雪的模樣。

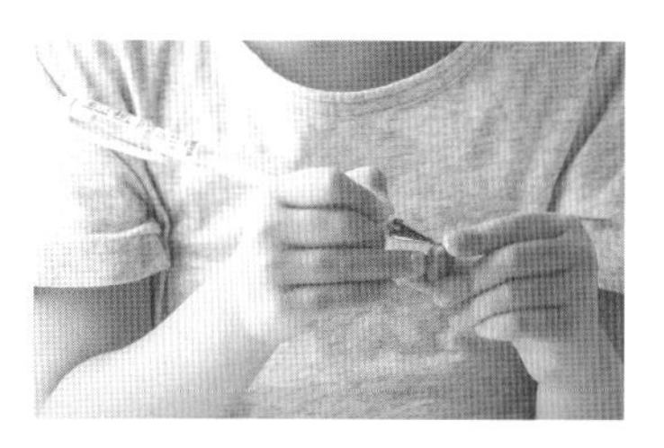

2 用白色油性筆在橡實上畫出臉部。＊將手肘靠著桌子來畫，手就不會晃動了。

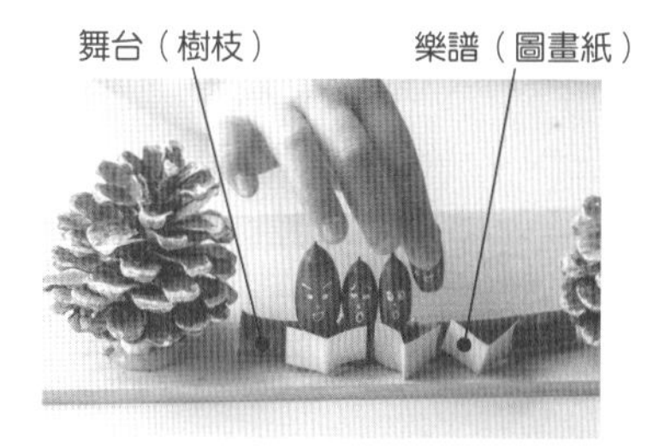

3 在板子的兩端黏上毬果。中間當作舞台，黏上橡實及樂譜。最後放上蠟燭。

用蛋殼來玩扮家家酒

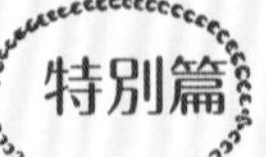

蛋蛋家族

作法在第38頁

在蛋殼上彩繪來玩尋寶遊戲

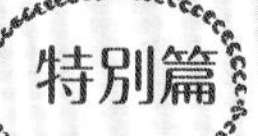

彩繪蛋

作法在第39頁

蛋蛋家族

材料

- 蛋殼
- 鵪鶉蛋殼（用來製作貓咪）
- 紙杯 ・不織布 ・布
- 毛線 ・蕾絲

工具

・剪刀 ・油性筆 ・接著劑

要畫上誰的臉呢？

平時總是會丟掉不用的蛋殼，只要畫上臉部，就可以變身為玩偶。雖然蛋殼很容易破裂，但是請不要害怕，大膽地畫出許多玩偶來吧！

✤ 作法 ✤

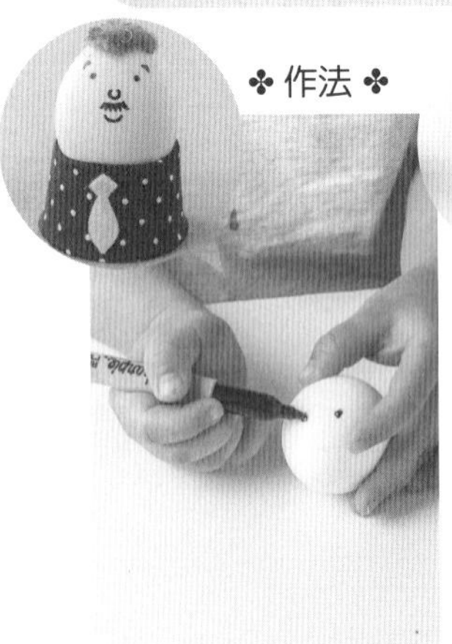

1 在蛋殼上用油性筆畫出臉部。將毛線黏在頭頂，做成頭髮。＊請回想看看，畫上家人的臉孔或是喜歡的動物臉孔等。

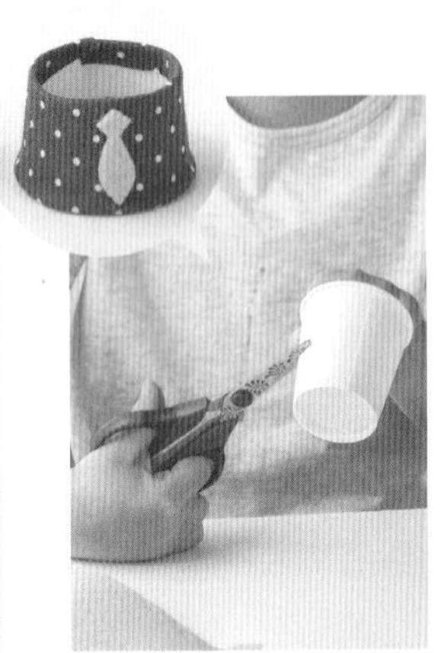

2 將紙杯橫剪成一半，做成身體。＊剪成剛好可以包住蛋殼的大小。

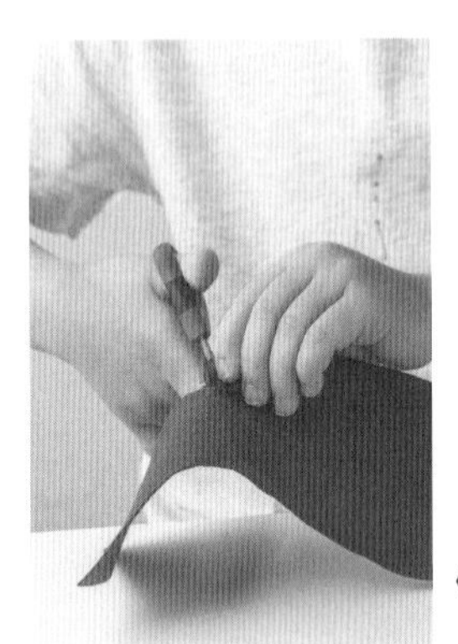

3 將不織布及布黏在2完成的身體上，做成衣服。＊也可以用筆來畫。

《嬰兒》

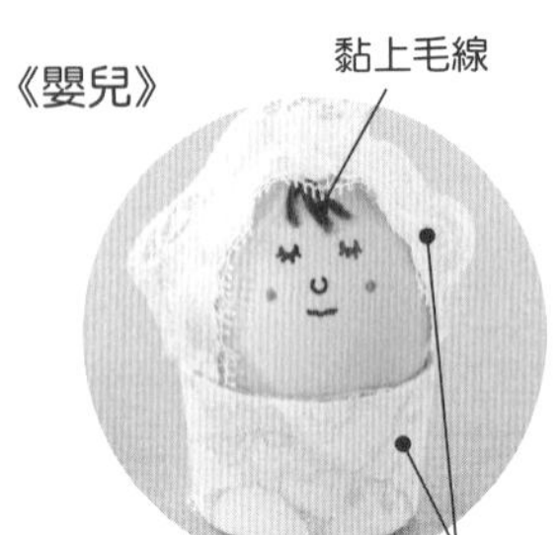

《貓咪》

Point

不要害怕失敗，
勇敢挑戰看看吧！

剝蛋殼的方法

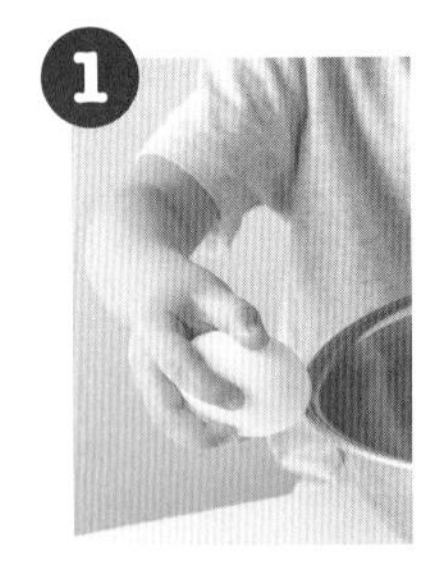

1 用蛋的底部敲擊硬物，使其破裂。

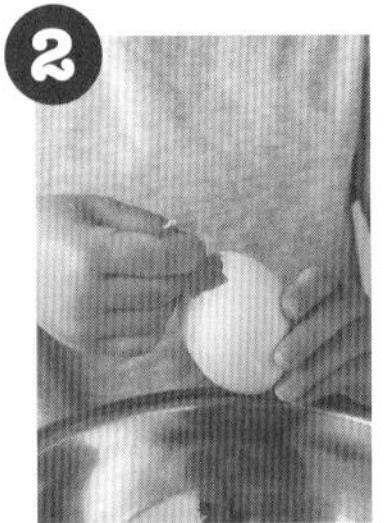

2 用手指將破裂的小孔剝開到2cm大小。

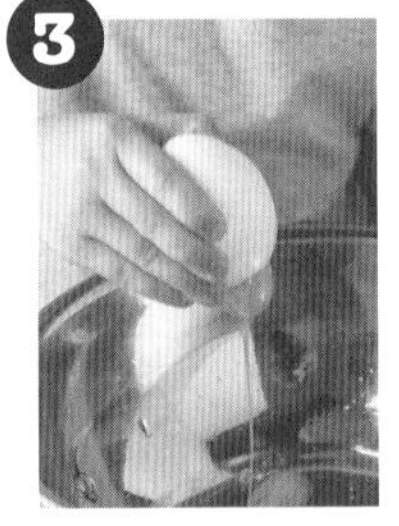

3 搖晃雞蛋讓裡面的蛋汁流出。再用清水清洗蛋殼，放乾備用。

【給家長的話】

做菜時往往會丟棄的蛋殼，其實也是很棒的畫布。它自然的曲線更能激發出孩子的想像力。讓孩子們了解東西會破裂，也是一個寶貴的經驗。請自由地作畫，做好之後，就盡情玩到它破掉為止吧！

彩繪蛋

材料

・蛋殼

工具

・蠟筆　・水性顏料　・畫筆

到底藏在哪裡呢？

用蠟筆畫完圖畫後，再塗上顏料。如此一來，原本看不清楚的蠟筆畫就會很清晰地浮現出來。完成之後，就可以把蛋藏起來玩尋寶遊戲了。

【準備】

打破一小處蛋殼，讓蛋汁流出來，洗淨後曬乾。＊詳細作法請參照左頁。

✤ 作法 ✤

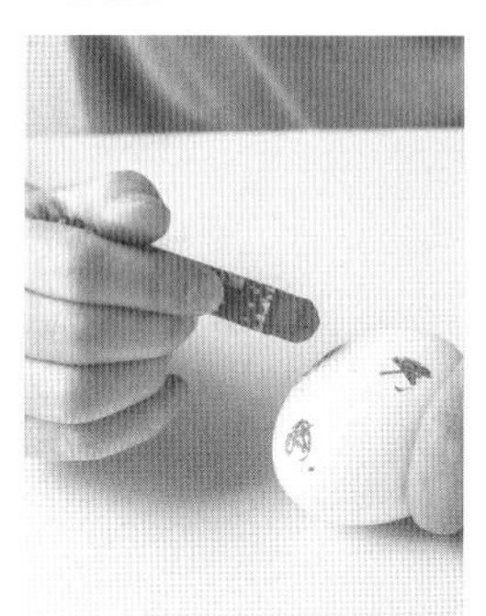

1 用蠟筆在蛋殼上畫圖。＊可以畫上星星或愛心等喜歡的形狀，顏色淡一點也沒關係。

2 在1的蛋殼上用顏料上色。＊在顏料中加入少量的水，讓蠟筆的圖案浮現出來。

【給家長的話】

在基督教文化圈中，為了慶祝復活節，有一個習俗是在蛋殼上著色來做裝飾品。而在孩子們之間，則是以尋找被兔子藏起來的蛋——Egg Hunting最受歡迎。改良這個遊戲，在做好的彩繪蛋裡塞入糖果餅乾，一起來玩尋寶遊戲吧！

也來做做看其他物品吧！ 彩繪氣球

材料

・蛋殼
・棉花
・免洗筷
・布（烏干紗之類的薄布）
・鐵絲（較細的鐵絲）

工具

・壓克力顏料
・接著劑
・剪刀

1 在蛋殼上用顏料畫圖。從蛋殼下方的孔洞塞進棉花。免洗筷上也要用顏料上色。

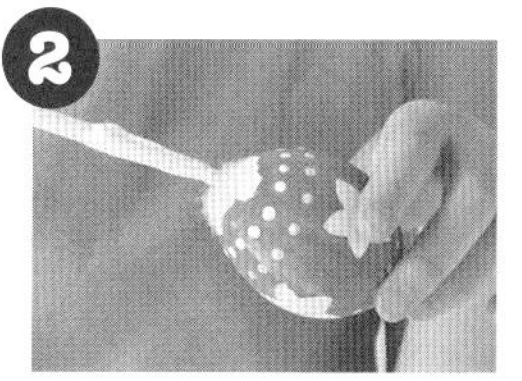

2 在免洗筷的尖端塗上接著劑，從蛋殼下方的孔洞插進棉花裡。

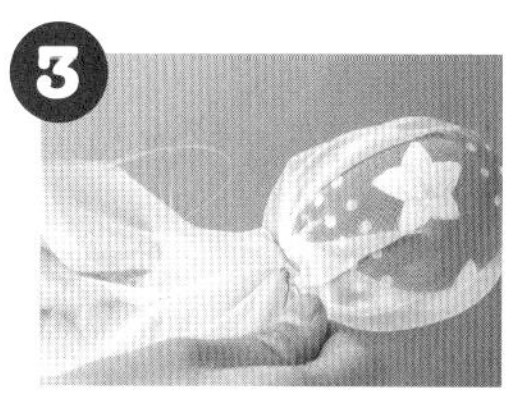

3 將2用布包起來，再將蛋殼下方的布用細鐵絲綁好。修剪布料的周邊，整理好形狀即可。

用小樹枝與果實做成藝術品來裝飾房間

✲框架 & 畫架 作法在第42頁

✲轉描畫 作法在第43頁

框架＆畫架

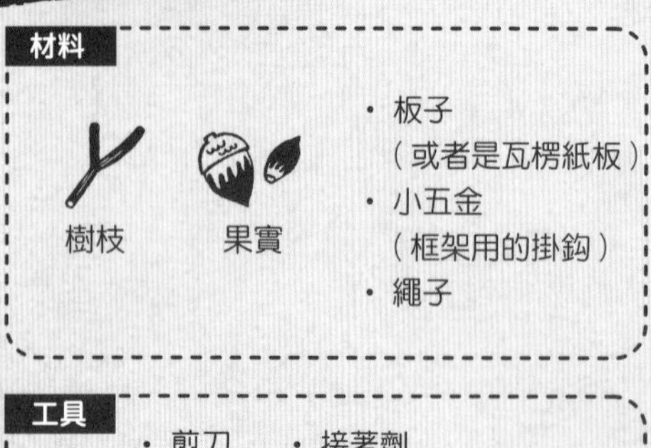

材料

樹枝　果實

・板子
（或者是瓦楞紙板）
・小五金
（框架用的掛鈎）
・繩子

工具

・剪刀　・接著劑

用樹枝與果實可以做成什麼形狀呢？

將小樹枝與果實組合在一起，做成放置畫作或照片的框架。只要在家中裝飾許多大自然的藝術品，就可以讓家裡變成森林美術館了。

✤作法（框架）✤

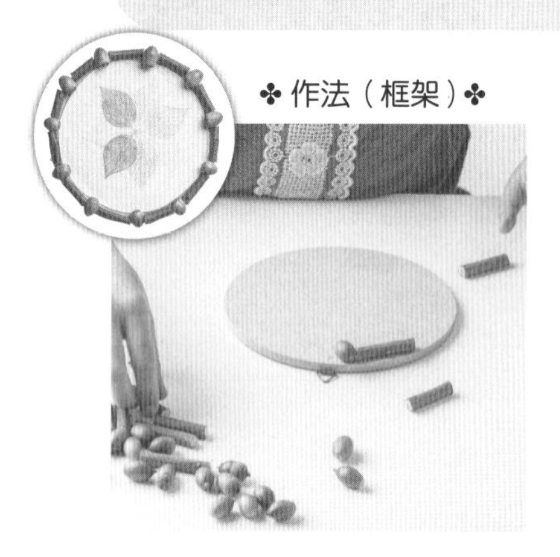

1 在已裝好掛鈎的板子上排放樹枝及果實。＊如果是使用瓦楞紙板來製作，可以在上面鑽洞後穿過繩子來懸掛。

2 決定好形狀後，將樹枝與果實用接著劑黏上去。＊使用多一點接著劑，牢固地黏上。

【給家長的話】
樹林、藍天、鳥鳴聲等，戶外有許多能夠激發靈感的事物。在晴朗的日子裡，不妨帶著便當到戶外去享受畫畫的樂趣吧！只要製作畫框及框架來裝飾，就能變成快樂的晴空畫展了。

✤作法（畫架）✤

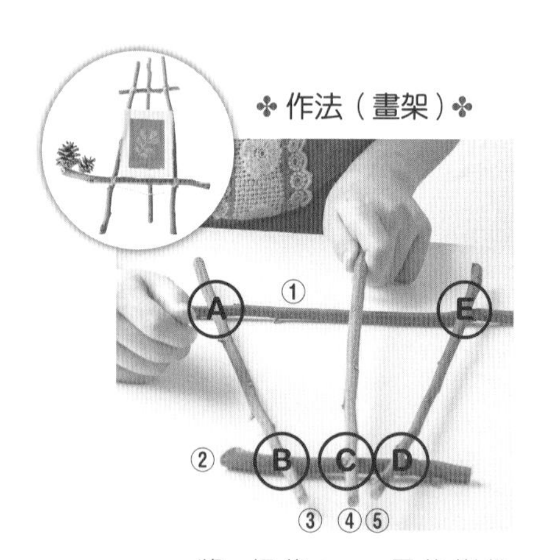

1 將1根約20cm長的樹枝（①）、1根約10cm長的樹枝（②）及3根約30cm長的樹枝（③④⑤）組合起來。＊ABCDE為連結固定處。

2 用繩子將③⑤的樹枝於AE處固定，③④⑤的樹枝於BCD處固定。④的樹枝下方分別與A、E連接，作為支撐腳。最後再黏上裝飾用的毬果。

也來做做看其他物品吧！

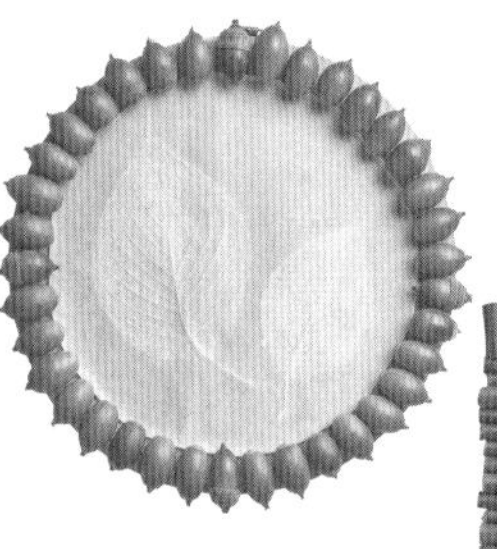

使用橡實與樹枝，自由地排列創作吧！

轉描畫

材料

葉子

・紙

工具

・蠟筆（或是色鉛筆）

會出現什麼樣的圖案呢？

用蠟筆或色鉛筆來轉描葉脈，就能讓葉脈清楚呈現。可以排列許多葉片，使用各種顏色來創作圖案吧！

【準備】

收集各種形狀的葉子，壓成乾樹葉（作法在第51頁）。

✤ 作法 ✤

1 在壓乾的樹葉上放上紙張。＊請選擇葉脈清楚的葉子。

2 在1的紙張上，用蠟筆或是色鉛筆來轉描葉脈，塗上顏色。

也來做做看其他物品吧！

在各種不同大小的紙張上描繪，當作卡片或是包裝紙使用。

Point

使用色鉛筆轉描時，只要稍微用力地塗，葉脈就會很清楚地顯現出來；而用蠟筆轉描時，為了不壓扁葉脈，要輕輕地塗上。

【給家長的話】

畫上轉描畫的紙可以當作包裝紙來使用，也可以貼在硬紙板上做成卡片等，有各種應用方法。請選擇葉脈清晰的樹葉，一邊觀察，一邊感受大自然的美麗。

裝飾許多果實和樹葉來當作伴手禮吧！

作法在第46頁

與雨水一起創作渲染畫

特別篇 雨天彩繪

作法在第47頁

散步手杖

材料

葉子　樹枝（Y字型的樹枝）　果實

・毛線　・繩子　・珠子

工具

・剪刀

會遇見什麼樣的材料呢？

在大自然裡散步，能夠遇見許多形狀有趣的葉子與果實。如果發現喜歡的材料，不妨收集起來加以裝飾，就能夠完成豐富有趣的手杖了。

✤ 作法 ✤

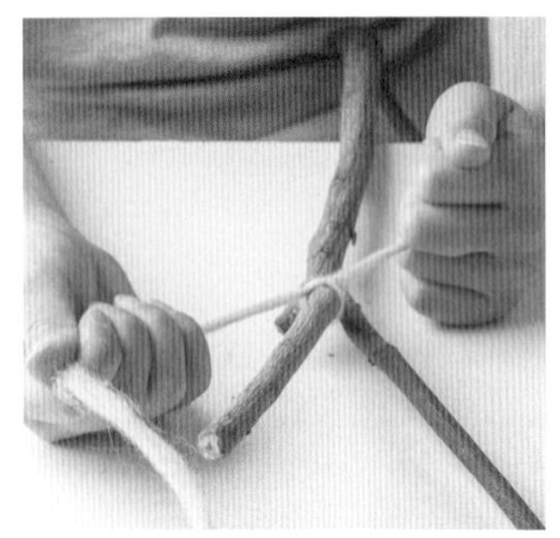

1 在樹枝的分岔處綁上毛線固定。＊Y字型的樹枝請到大樹下尋找。

2 用毛線一圈一圈地往上纏繞。＊毛線要牢固地纏繞上去，不要鬆掉。

3 纏繞到最上方時，將毛線打結固定在樹枝上。＊要牢牢地綁緊，以免散步時中途鬆開。

4 將珠子穿過繩子，綁在手杖上做裝飾。一邊散步，一邊將喜歡的葉子與果實插入毛線中即可。＊拿出去散步時，請注意樹枝尖端不要撞到臉部等地方。

\完成了！/

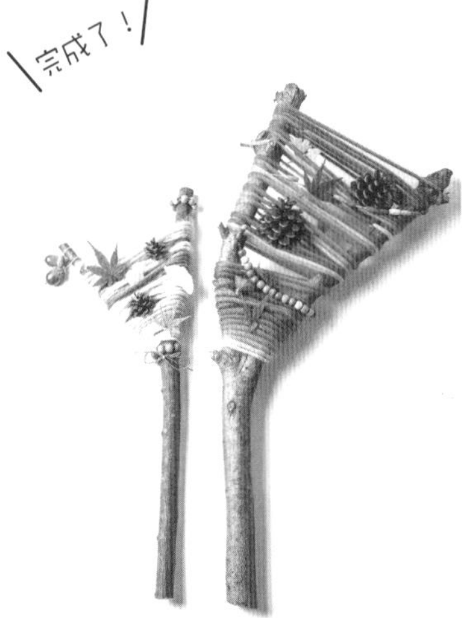

兒童用的手杖使用小樹枝，大人用的手杖則使用大樹枝。大家一起到戶外去尋寶吧！

【給家長的話】
本作品的靈感是來自於大自然景致豐富的北歐諸國中，作為小朋友們的野外活動之一的一種遊戲。捲上色彩鮮豔的毛線，裝上珠子，將落葉與果實用來裝飾手杖吧！拿著手杖進行親子散步時，可以體驗到與平時不同的樂趣。

雨天彩繪

材料

・圖畫紙　・雨水

工具

・水性筆　・剪刀　・糨糊

會出現什麼樣的顏色呢？

讓雨水來幫忙作畫吧！畫好的畫一碰到雨水，就會因為雨水的暈染而變成嶄新的顏色。來看看不同的淋雨方式會產生什麼樣的變化吧！

✤ 作法 ✤

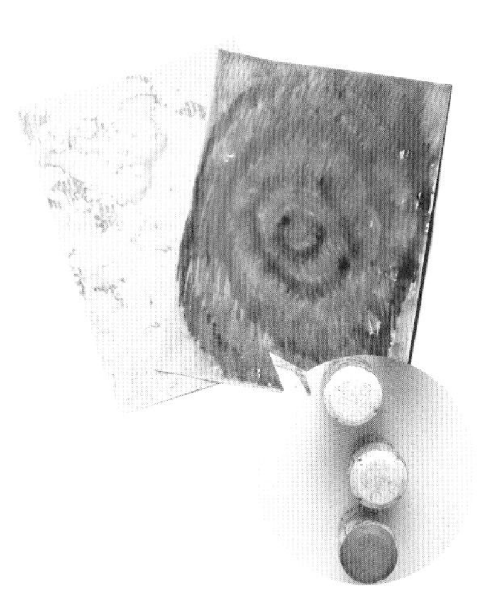

1　在圖畫紙上畫底稿，再用水性筆上色。＊畫上條紋、圓圈、彩虹圖案等，將顏色塗滿吧！

2　將1畫好的圖放在平坦的地方，等待淋雨。＊因雨量與淋雨的時間長短，渲染的狀況也會有所不同。

3　將淋過雨的畫確實晾乾。按照底稿的形狀剪下來，貼在底紙上。＊也可以在軟木塞上塗色，做出分隔框吧！

Point

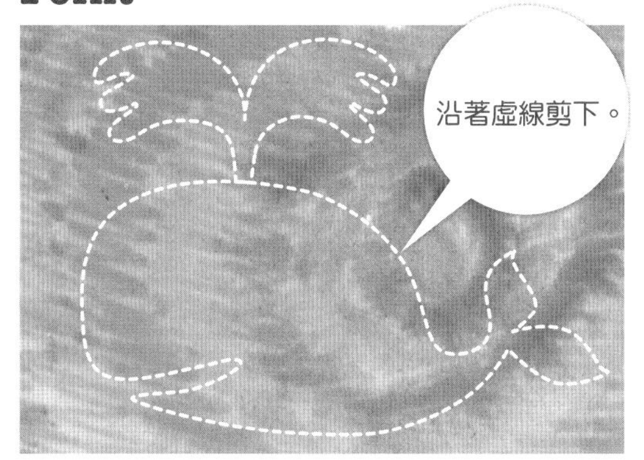

運用76頁的模板來做拼貼圖吧！

【給家長的話】

這是讓下雨天也能夠愉快度過的藝術作品。一邊觀察大自然中的雨滴會如何落下，看看同色系的顏色與完全不同的顏色混合在一起的模樣，一邊享受雨水偶然創作出來的顏色變化吧！「和天氣合作」所完成的渲染畫，能夠做出非常適合以雨和水為主題的拼貼作品喔！

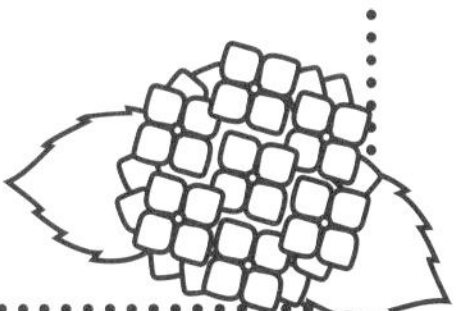

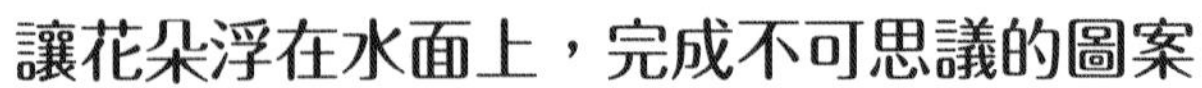

讓花朵浮在水面上，完成不可思議的圖案

曼荼羅花盤

作法在第50頁

裝飾在窗邊，透過陽光來欣賞花朵與葉子

陽光透視畫

作法在第51頁

曼荼羅花盤

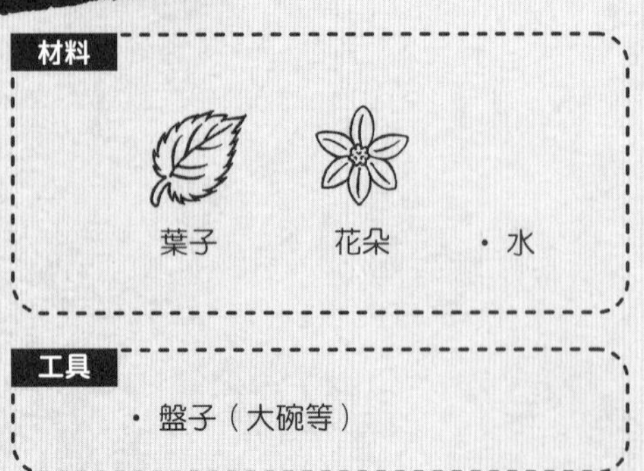

材料

葉子　花朵　・水

工具

・盤子（大碗等）

有什麼樣的顏色與形狀呢？

花朵為了要招喚昆蟲，有著各式各樣的顏色、形狀與香味。就像綻放大大的花朵一般，排列出只屬於自己的、不可思議的圖形來吧！

【準備】

收集葉子與花朵。＊濕的葉子與花朵會沉入水中，所以請在晴朗的日子裡收集，若是上面沾有朝露，就將它擦乾。

✤ 作法 ✤

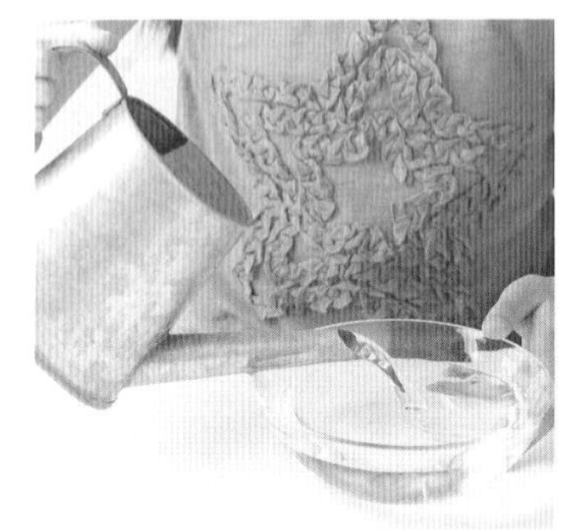

1 在盤中倒水。＊為了避免灑出，倒入的水量要比一半再多一點即可。

2 在1的水盤裡排滿葉子＊幸運草等較小的葉子，要一片一片撕下來使用。

3 將花朵或花瓣排列在2的葉子上面。＊上下左右都用相同方式排列，就能完成漂亮的曼荼羅圖案。

《什麼是「曼荼羅圖案」？》

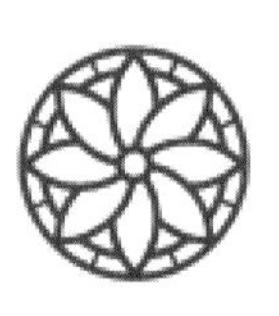

曼荼羅圖案是印度自古以來流傳下來的圖案。上下左右都要按照相同的順序，規律地排列組合。

《注意》

・請勿在公園的花壇以及他人的庭院裡摘花（詳細請參照第68頁）。

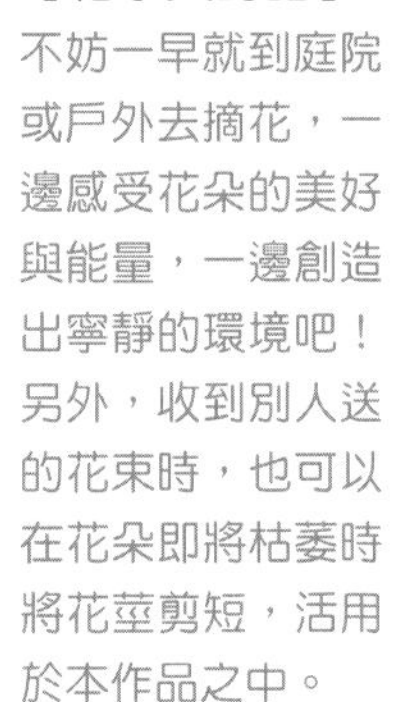

【給家長的話】

不妨一早就到庭院或戶外去摘花，一邊感受花朵的美好與能量，一邊創造出寧靜的環境吧！另外，收到別人送的花束時，也可以在花朵即將枯萎時將花莖剪短，活用於本作品之中。

陽光透視畫

材料

葉子　　花朵（壓花）

- 薄紙（面紙）
- 保護膜 2 張　・緞帶

工具

- 刺繡框　・剪刀

透過光線後，看起來像什麼呢？

如果做成壓花，就可以讓摘來的花朵長期美麗地保存下去。請掛在窗邊，透過陽光來欣賞花朵與葉子的顏色及圖樣。

【準備】

將花朵與葉子夾在薄紙裡，再夾入書本中放置一週左右。

✤ 作法 ✤

1 配合刺繡框的大小剪裁保護膜，將保護膜的底紙撕掉。保護膜有上膠的那一面朝上，然後從上面放下刺繡框的外框。

2 在1有上膠那一面的保護膜上，放上壓乾的花朵及葉子。＊只要放下去就無法移動了，請小心地排放。

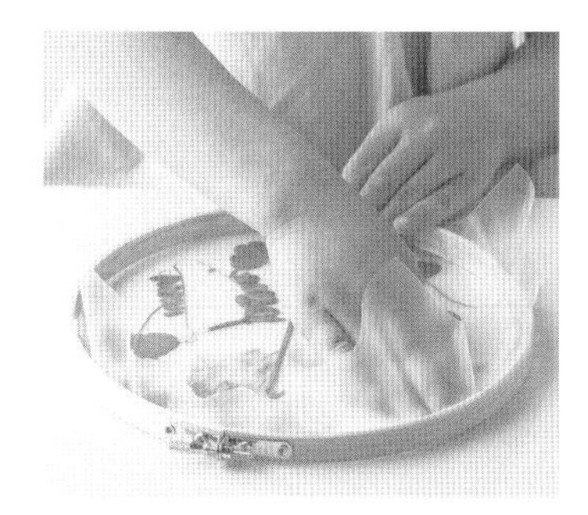

3 將另一張保護膜有上膠的那一面朝下，夾住壓花般地貼合。＊包含邊框都要牢牢地黏好。

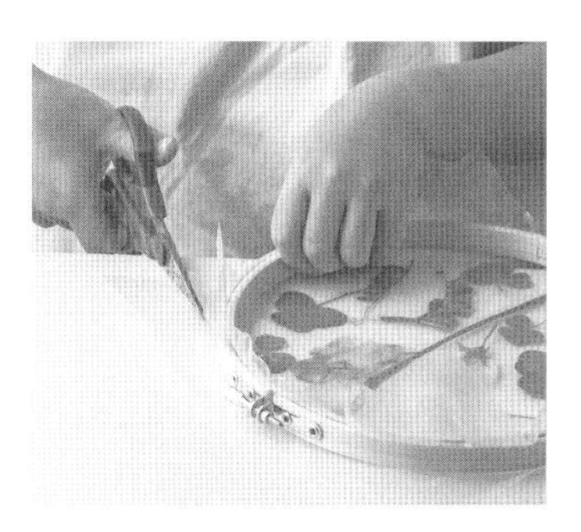

4 嵌入刺繡框的內框，將多餘的保護膜用剪刀剪掉，最後在刺繡框的掛鉤上結上緞帶。

也來試試另一種作法！

也可以將保護膜黏在圖畫紙上，用來代替刺繡框，一樣可以做出來喔！

【給家長的話】

透過太陽的光線來觀察花朵的顏色與葉脈，能夠發現與平時不同的美感。可以嘗試將花瓣一片一片摘下做成壓花，或是放進罕見的葉子等。做壓花時如果沒有完全乾燥，就會成為發霉的原因，請特別注意。

排列出生物的金字塔，就能充分理解食物鏈

石頭劇場

作法在第54頁

將圓滾滾的小石頭做成色彩鮮明的回憶

紙鎮

作法在第55頁

石頭劇場

材料

石頭

工具

- 顏料
- 畫筆
- 粗的彩色筆
- 細字筆

生物是如何連結在一起的？

將住家附近發現的生物畫在石頭上，並試著以「吃」與「被吃」的關係來排列看看。如此就可以向小朋友解說食物鏈的關係了。

✤ 作法 ✤

1 用白色顏料塗滿石頭。＊塗成白色比較容易畫上圖案。

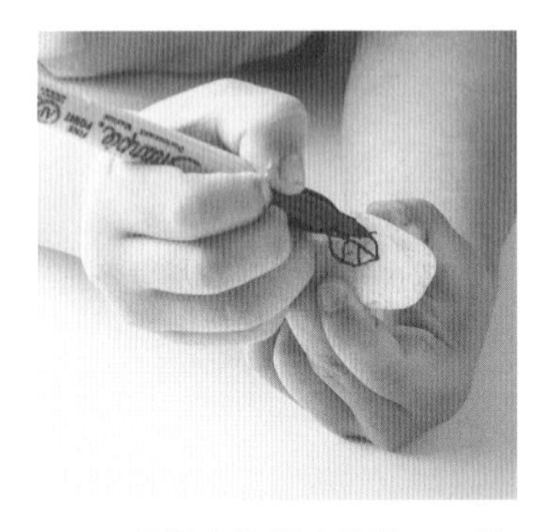

2 用細字筆畫上底稿。＊昆蟲、葉子、小鳥等，請一邊觀察一邊畫畫看。

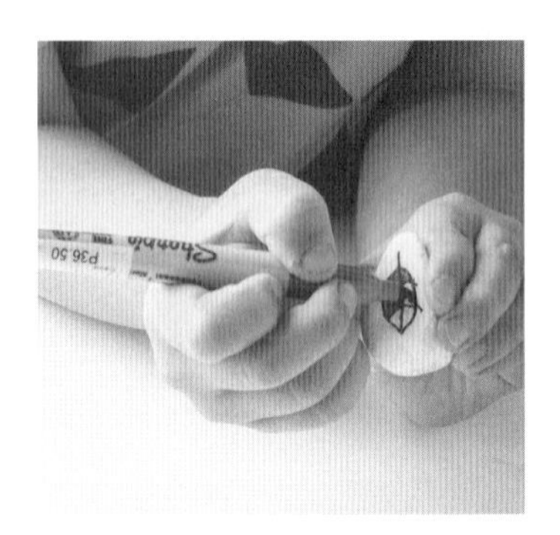

3 再用粗的彩色筆及顏料來上色。

一邊說故事，一邊將石頭排上去吧！

【給家長的話】

「這個生物是吃什麼維生的？」等等，一邊用這些石頭來問孩子們問題，一邊觀察、翻書來玩遊戲（詳情請參照P71）。答案不只有一個而已，如果孩子能用自己的想法來排列並說出自己的意見，就好好地稱讚他一下吧！

也來做做看其他種類吧！

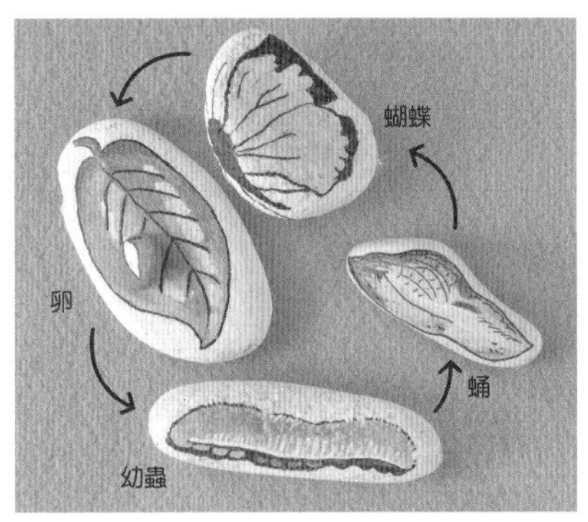

●寫上「卵→幼蟲→蛹→蝴蝶」，就成為「蝴蝶的一生」了！

●「地球・月亮・太陽・金星」等，寫上宇宙中星球的名稱，也能夠做成「天體劇場」喔！

紙鎮

材料

- 羊毛氈
- 液體皂（洗髮精也可以）
- 水
- 塑膠袋

石頭

工具

- 鐵盤

哪裡可以找到圓形的小石頭？

河邊有許多石頭。越接近海邊，就越可以找到許多邊角被磨平的石頭。將撿石頭的回憶化作鮮豔的顏色保留下來，裝飾在家裡吧！

✤ 作法 ✤

1 將石頭用羊毛氈包起來。＊將羊毛氈重疊少許其他顏色，就能變成大理石花紋喔！

2 在鐵盤裡加入2～3cm的水與1～2滴液體皂，加以混合。放入1的石頭，沾濕羊毛氈。

3 將2的石頭放進塑膠袋中，用手心一邊搓揉一邊滾動。＊好好地滾動，直到羊毛氈確實黏附在石頭上為止。

4 一邊將肥皂水擠出來一邊滾動石頭，從塑膠袋中拿出來晾乾。＊請放在通風良好的地方。

也來做做看其他款式吧！

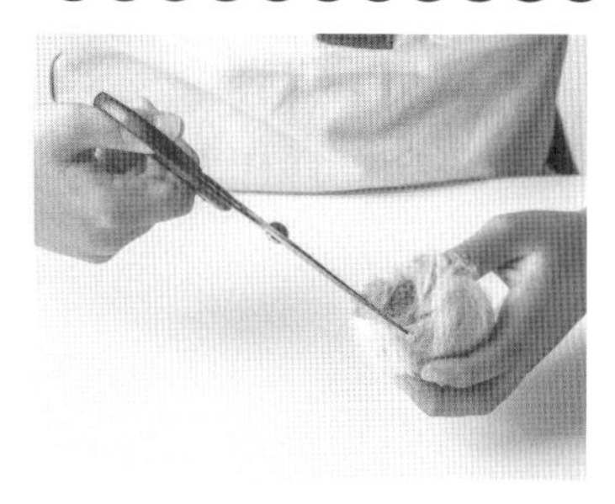

在晾乾之前，用剪刀將羊毛氈剪開，拿出石頭，就可以變成小包包。再裝上小貝殼，當作鈕扣吧！

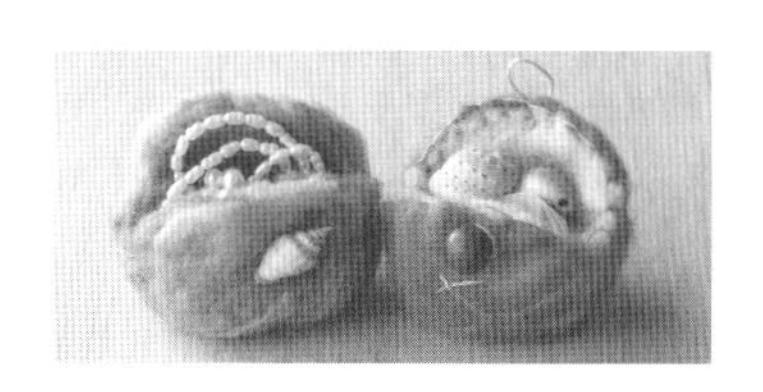

【給家長的話】

孩子們最喜歡撿石頭了。試著觀察河流上游與下游的石頭，看看它們在形狀與大小上有何不同。經過遙遠的旅行來到下游的石頭，稜角都已被磨圓了。只要塗上鮮豔的顏色，光是放著看起來就像是寶物一般。由於會用到水，最適合當作天氣晴朗時的野外遊戲了。

用散步時發現的小石頭來做出有趣的臉像吧！

笑福面

作法在第58頁

在花盆上彩繪，種出美麗的花草

特別篇 彩繪花盆

作法在第59頁

笑福面

材料

石頭
- 不織布
- 布

工具

- 剪刀
- 接著劑
- 壓克力顏料
- 畫筆
- 筆

會出現什麼樣的表情呢？

只有在正月過年時才會玩的「笑福面」，平時不玩太可惜了。去尋找能夠當作眼睛與嘴巴的小石頭，用來製作人臉或是動物吧！

✤作法（火男）✤

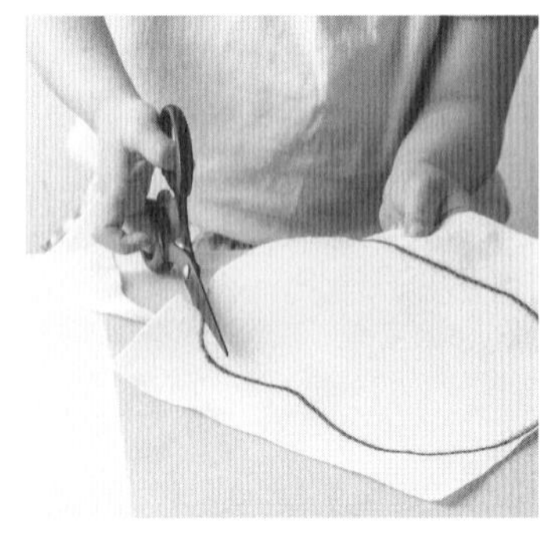

1 在不織布上用筆畫出臉的形狀，用剪刀剪下來。再剪下大一圈的布，貼在不織布下，做成臉型。

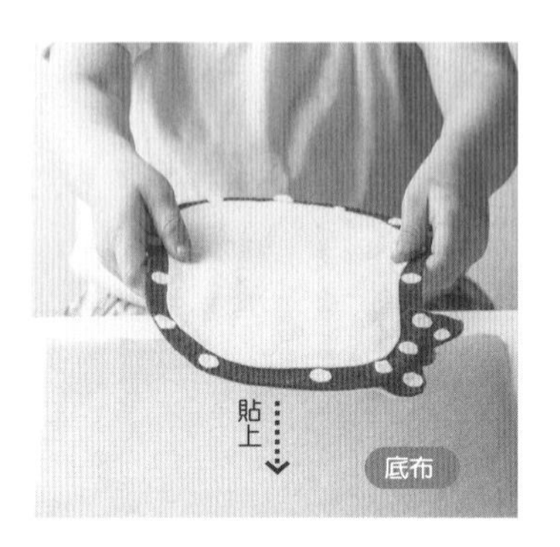

2 將1的臉型用接著劑貼在底布上。＊要牢牢地貼住，不要讓它剝離喔！

3 用顏料在石頭上劃出眼睛、嘴巴、鼻子、耳朵等部位的顏色。＊背面也上色的話，翻面也可以使用喔！

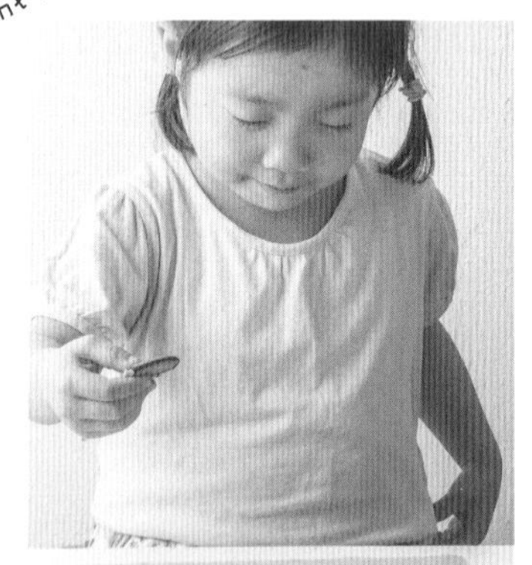

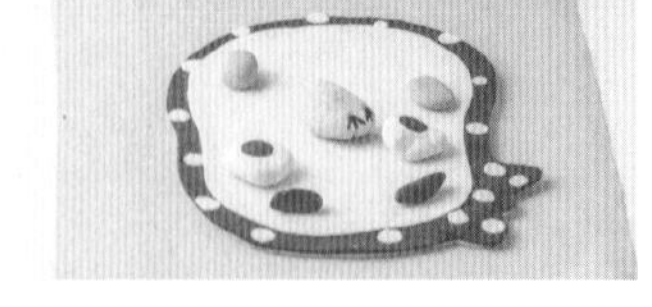

閉著眼睛或是矇上眼睛來玩，就會變成有趣的臉孔喔！

也來做做看其他種類吧！

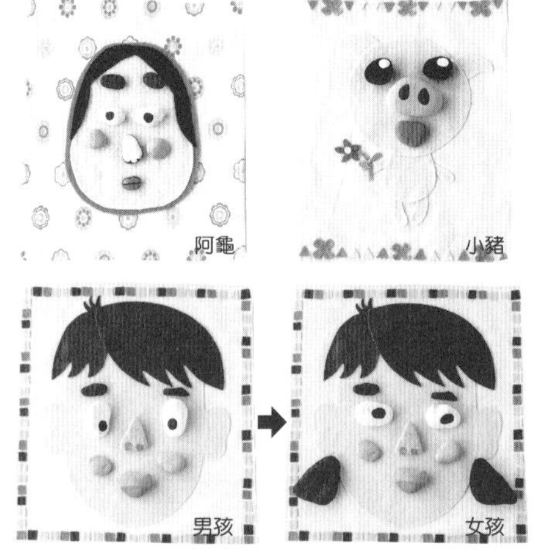

將用石頭做成的頭髮放在男孩的臉旁邊，就立即變身為女孩了！也可以使用78頁的模板來製作。

【給家長的話】

用大自然的石頭來製作五官，石頭歪斜的形狀可以做出令人無法想像的表情來，讓樂趣倍增。準備許多石頭來做成五官，更能變化出各種不一樣的表情。

彩繪花盆

材料

・花盆（素燒盆）

工具

・壓克力顏料　・畫筆　・鉛筆

會開出什麼樣的花呢？

在花盆上畫上喜愛的圖案，用來栽培種子或花苗。如此一來，每天的澆水工作會變得更加愉快。好好地栽培，守護它們成長吧！

✤ 作法 ✤

【給家長的話】
即使家裡沒有庭院，還是可以從每天澆水的過程中，培養孩童對於植物的關懷之情。「要種什麼好呢？」與孩子一起商量，然後做出屬於自己原創的花盆，可以增進孩子們對植物的情感，照顧起來更有樂趣。

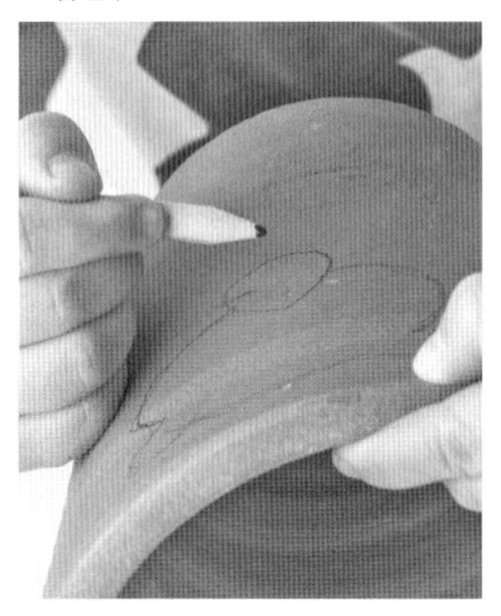

1 用鉛筆在花盆上畫底稿。＊想像一下你想種的植物，就能畫出非常開心的圖案來喔！

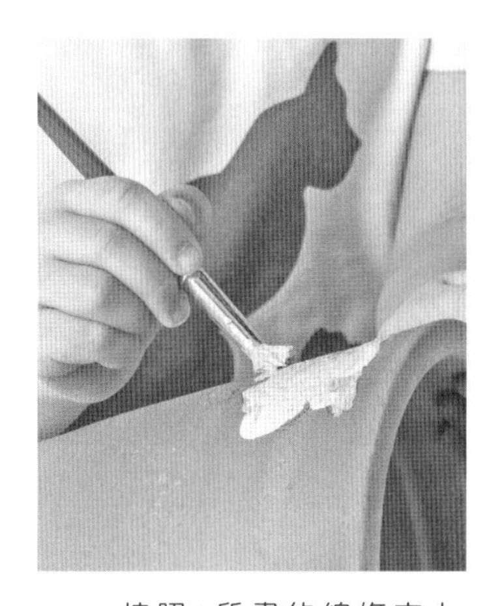

2 按照1所畫的線條來上色，使其晾乾。＊要重疊上色的話，請等顏色乾了之後再畫上另一種顏色。

3 在花盆中先鋪上一層小石子，再放入泥土。＊種植花苗時，泥土要放入一半再多一些；如果是種子，就要放入大量的泥土。

4 種入花苗或種子，灑上充分的水。＊種植花苗時，要先將泥土撥鬆；種植種子時，不要重疊放入，並且要在種子上放一些泥土。

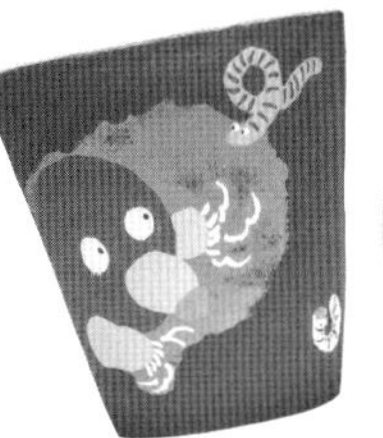

將花盆放在陽光充足的地方，要記得每天澆水喔！

樹枝 貝殼

閉上眼睛，側耳傾聽風鈴的聲音

風鈴

作法在第62頁

貝殼

留下在海邊遊玩的美麗回憶

回憶拼盤

作法在第62頁

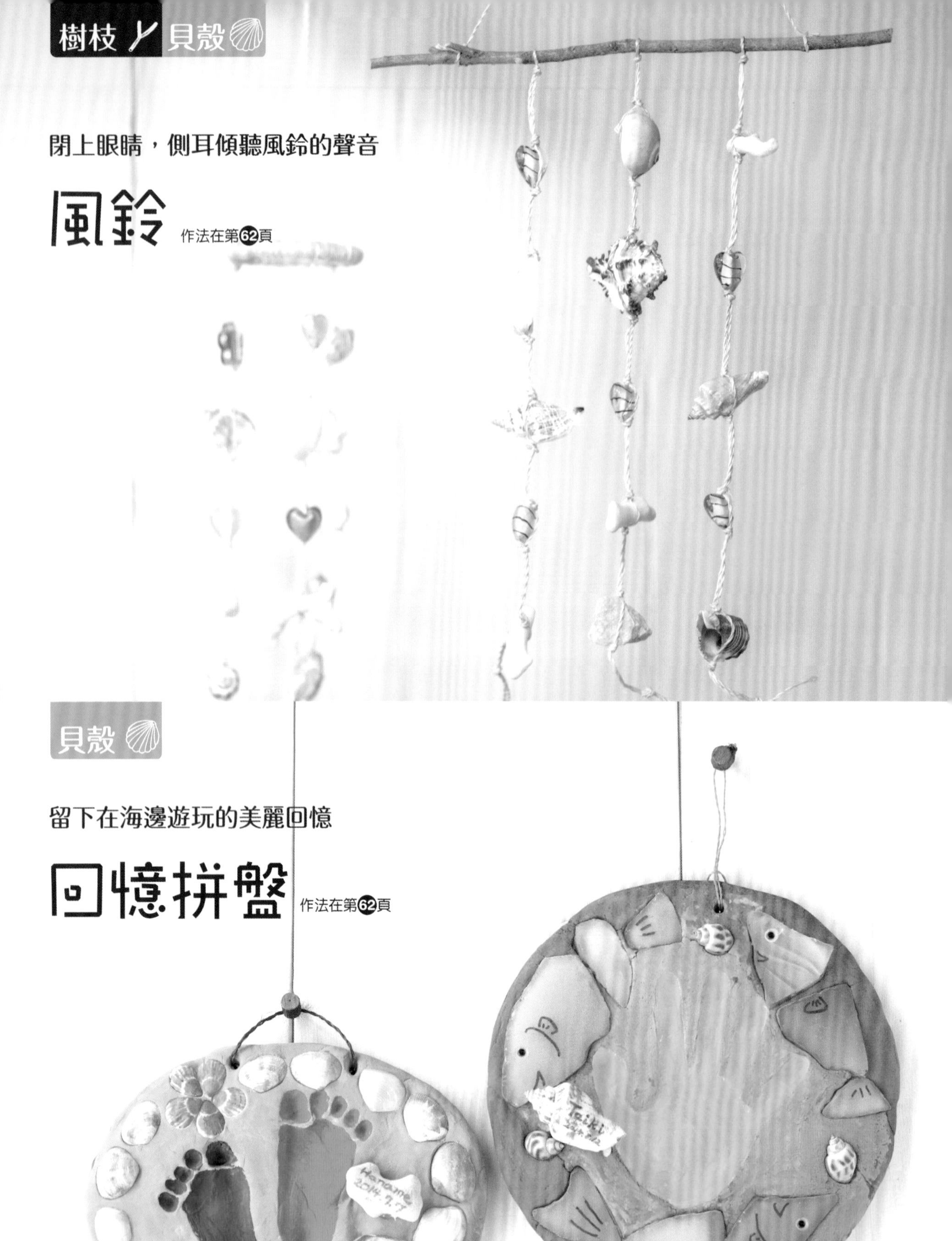

將徜徉於大海的貝殼點火照亮

海灘蠟燭

作法在第63頁

風鈴

材料

樹枝　貝殼

・玻璃珠　・瓦楞紙
・繩子　・紙線（或是緞帶）

工具

・剪刀　・接著劑

各種貝殼的聲音有何不同？

依照貝殼的大小與形狀不同，所發出的聲音也會不一樣。將各式各樣的貝殼懸掛起來，比較看看它們的聲音有何不同吧！

✤作法（圓形）✤

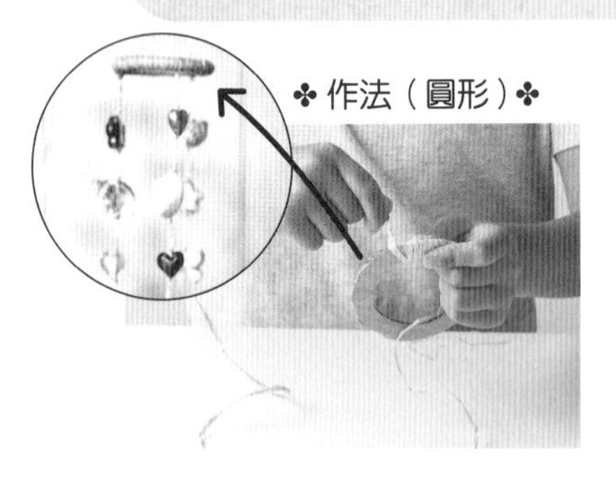

1 在剪成甜甜圈形的瓦楞紙上纏繞紙線，做成圈環。在圈環上綁繩子，打結後垂下來。

2 在1的繩子上打結，綁上貝殼後再打一次結。重複這個步驟，連結所有貝殼。

也來做做看其他款式吧！

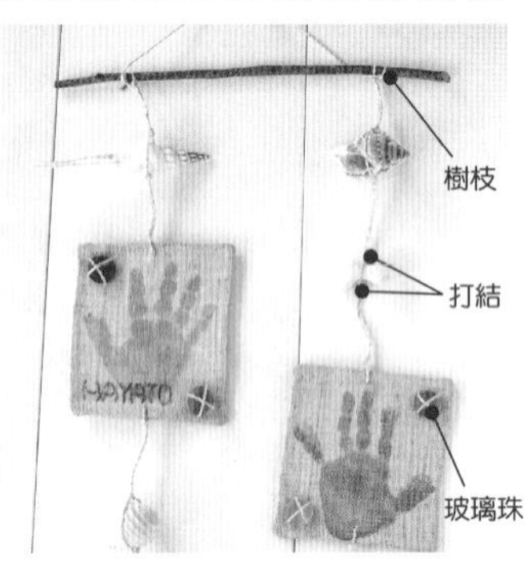

將貝殼、玻璃珠、蓋有手印的麻布等喜歡的東西全部連在一起垂吊下來。

回憶拼盤

材料

貝殼

・瓦楞紙　・紙黏土
・繩子

工具

・筆　・顏料　・畫筆　・吸管

在海邊能夠找到什麼東西呢？

在海邊能夠找到貝殼、從遠處漂流而來的木頭、尖角已被磨平的玻璃碎片等等。將你出遊收集的回憶都保留在這塊拼盤上吧！

✤作法✤

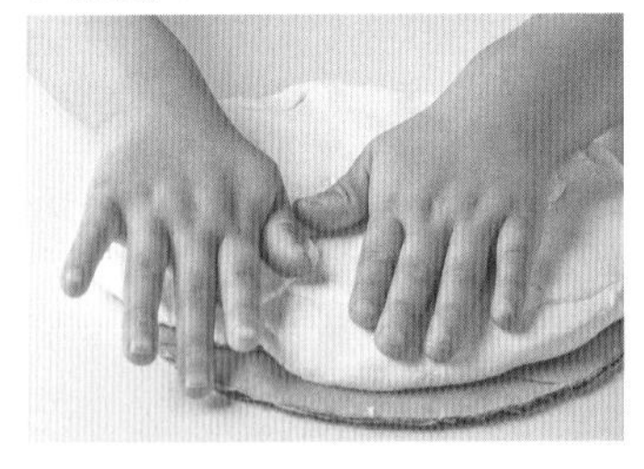

1 剪下瓦楞紙做為底盤，配合底盤的形狀將紙黏土平坦地延展開來。＊底盤可以剪成喜歡的形狀，最後再將底盤拿掉。

2 在紙黏土四周放上貝殼，牢牢地按壓固定。＊用吸管戳出讓繩子穿過的孔洞。

3 壓上手印或腳印。等紙黏土乾了之後再用顏料上色。＊寫上名字與日期。

海灘蠟燭

材料

貝殼

・細繩（或是風箏線）
・蠟燭
・蠟筆

工具

・鍋子　・空罐
・工作手套　・免洗筷　・湯匙

貝殼是從何處漂來的？

貝殼生長在深海中、海灘的砂地裡，以及有許多岩石的海岸邊。將經過漫長旅途的貝殼做成燭台，賦予它豐富的色彩吧！

✤ 作法 ✤

1 將切碎的蠟燭與削碎的蠟筆一起放入空罐中，隔水加熱。＊請注意不要燙傷。

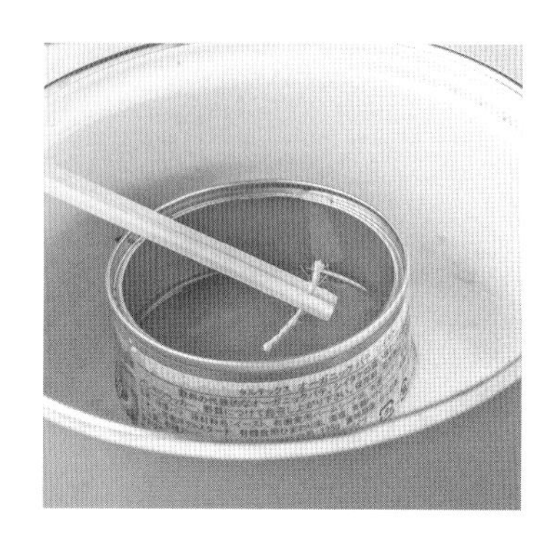

2 在1的空罐中放入剪成2～3cm的細繩，沾上蠟液。＊沾上蠟液的細繩可讓做好的蠟燭更容易點燃。

3 將溶化的蠟液用湯匙舀入貝殼中。＊由於空罐很燙，請戴上工作手套來進行。

4 將2的細繩放入3的貝殼中，再度舀入蠟液。＊請注意不要燙傷。

也來做做看其他款式吧！

以熱融膠將貝殼及海玻璃黏在玻璃杯上，即可完成簡單的燭台了！

【給家長的話】
貝殼、海玻璃、珊瑚、流木等等，一邊想像著它們經過漫長的旅程，從大海的另一頭被海浪拍打上岸，一邊享受在海邊尋寶的樂趣吧！海邊可以撿到螺貝與雙殼貝等顏色、形狀與圖案都大不相同的許多貝殼。利用放大鏡及圖鑑觀察之後，再將它們做成作品保留下來，就能隨時回味當時的愉快回憶了。

活用貝殼上的圖案，做出可愛的玩偶造型

磁鐵

材料

貝殼

- 木珠
- 繩子
- 手工藝用的眼珠
- 磁鐵

工具

- 接著劑（或是熱融膠）

貝殼上有哪些花紋呢？

仔細觀察海邊的貝殼，會發現它們有各式各樣的形狀以及花紋。組合各種不同種類的貝殼，自由地發揮創作吧！

✤ 作法（老鼠）✤

貝殼碎片與扁平的椰木珠最適合拿來當作動物的耳朵，而珊瑚則可以拿來當作角。不妨收集許多材料，做出各種臉孔吧！

1 組合貝殼與木珠，決定好要做什麼動物。

2 將幾條剪短的繩子穿過木珠後，用接著劑黏合，做成鬍鬚及鼻子。＊接著劑要用多一點，以免鬍鬚掉下來。

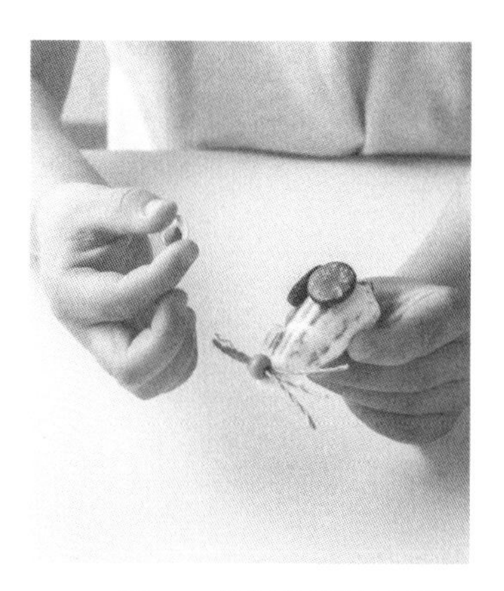

3 將1、2做好的部位及手工藝用的眼珠，用接著劑黏在貝殼上。

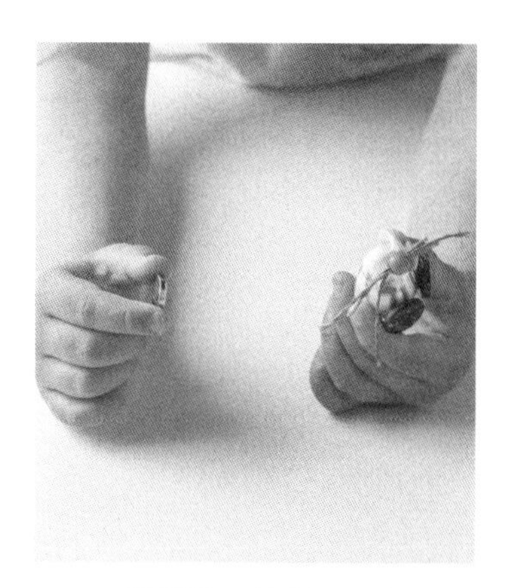

4 將磁鐵用接著劑黏在貝殼背面。＊比較重的貝殼，請使用較為強力的磁鐵。

【給家長的話】
如果遇到喜歡的貝殼，不妨跟孩子一起想像「這可以做成什麼動物？」，運用貝殼的紋路與形狀來試著創作吧！

專欄1

收集大自然中的材料

在何時・何處會發現什麼東西？

●尋找材料就是創作的開始！

在公園裡或是平時經過的路上所發現的草木與石頭，都可以成為作品的材料。
仔細觀察，可以發現戶外有著許許多多的寶物！
去收集你想做的作品所需要的材料，
或是從找到的材料之中，思考一下可以做成什麼樣的作品。

●收集當季的材料！

在大自然中，有些東西一年到頭都能收集得到，但有些東西則只能在春、夏、秋、冬之中的特定季節才找得到。請一邊在大自然中尋找寶物，一邊感受季節的交迭變化吧！

春

這是色彩鮮艷的各式花朵綻放的季節。試著找出油菜花、白花苜蓿、櫻花等花朵。春天的花草大部分都比較單薄，最適合拿來做成壓花、壓葉使用了。

夏

這是可以去海邊或河邊玩水的快樂季節。試著去海邊尋找被打上岸邊的貝殼及玻璃碎片（海玻璃）等材料，或是到河邊去找尋顏色與形狀稀奇古怪的石頭吧！

秋

樹葉會轉變為黃色或紅色，是可以採收樹木果實的季節。可以找到色彩鮮艷的樹葉、橡實以及毬果。橡實帽也要一起收集起來。

冬

這是樹葉凋零飄落的季節。但是也有些樹木到了冬季依然保有綠葉。這個季節的樹葉又硬又堅固，最適合拿來當作作品的材料。也可以找到南天竹等冬季的樹木果實。

專欄2 走進大自然

●走進大自然時的服裝

為了防止受傷、起疹及蚊蟲叮咬，請穿著能夠遮蔽皮膚的服裝出門。
如果還準備了雨具，即使下雨也了可以享受大自然中的遊戲。

- 帽子
- 長袖上衣
- 長褲
- 穿習慣的鞋子
- 背包
- 雨衣

●方便觀察的用具

即使是常去的地方，如果仔細觀察，就會有許多新的發現。
準備好觀察用具，去發掘更多的新奇事物吧！

- 放大鏡：靠近葉子、花朵、昆蟲等，仔細看清楚吧！
- 捕蟲網：可以捉住昆蟲來好好觀察。
- 白布：可以將葉子及樹枝等找到的東西排列在上面。
- 圖鑑：方便查詢植物、昆蟲、貝殼、石頭等的種類。
- 塑膠袋：將捉到的昆蟲暫時放進去，以便觀察。
- 手提袋：可以裝入想要帶回去的東西。

【給家長的話】

對孩子們而言，在大自然中的新發現是毫不間斷的。即使是小小的發現，也請與孩子們一起感動吧！另外，與其直接教導知識，倒不如幫助他學習思考。例如，與其告訴他：「花朵是為了要吸引昆蟲來採蜜，所以才會發出香味。」倒不如問問他：「為什麼花朵會散發出香味來呢？」如果連大人也不知道答案時，就跟孩子們一起查詢圖鑑。最重要的是，雙方都要一起愉快地體驗充滿不可思議的大自然。

專欄3 與大自然的約定

●要珍惜生物

要珍惜植物與動物的生命，
讓大家都能在大自然中度過愉快的時光，
請遵守以下「與大自然的約定」。

1 收集掉落在地面上的東西

因為要珍惜生物的生命，所以要收集樹葉、樹枝、石頭時，
請撿拾掉落在地面上的東西。
種植在公園花壇裡的花草也不可以任意摘取。

2 不要將植物連根拔起

在田野中到處可見的樹葉、蒲公英、酢漿草等植物，
請先向大人確認該場所是否可進去摘取。
當摘取時，為了讓植物繼續生存下去，請勿連根拔起。

3 遵守規定

在公園與大自然中，有些地方是不可擅自摘取植物的。
另外，在海邊也有些地方不可擅自將貝殼及珊瑚帶離現場。
如果有規定時，請務必要好好遵守。

4 垃圾一定要帶回家處理

在大自然中享受尋寶遊戲及快樂的野餐後，
自己製造的垃圾一定要自己帶走。
保持大自然的乾淨美麗，讓每個人都可以心情愉快地玩樂。

5 珍惜生物

有些生物只棲息在被我們發現的地方。
仔細觀察完後，請將牠放回發現牠的地方。
如果為了要觀察而要帶牠回家的話，請負起責任好好地養育牠。

【給家長的話】

在大自然中，有一些會讓人起斑疹的植物和有毒的蟲類。而且也要注意附近的車道，讓孩子們在大自然中尋寶時不會遇到危險。另外，該場所可否進入、是否可摘取花草等，都要請家長事先確認當地的禁止事項後加以判斷。遵守保護自然環境的規則，就是培養孩子們對大自然的關懷之心，這一點相當重要。請家長以身作則，展現關懷自然的態度給小朋友看吧！

專欄4 在大自然中的遊玩方式

●運用五感接觸大自然

身處於大自然中，會有許多令人興奮的發現。
「去看」、「去摸」、「去聽」、「去聞」、「去品嘗」，
運用五感來遊玩、觀察吧！

✤試著去看

- 在大自然中找出各種顏色與形狀。
- 利用放大鏡觀察昆蟲的身體或是花朵的內部，在小小的世界裡進行探險。
- 收集各種樹葉，比較它們的顏色・紋路・形狀・大小等等。

✤試著去摸

- 摸摸看樹葉與石頭等大自然的產物。
- 摸摸樹皮，看它是粗糙的、鬆軟的，還是光滑的……比較觸摸時的手感。
- 將在大自然中收集到的東西放進小袋子裡，然後將手放進去，猜猜看摸到的是什麼東西。

✤試著去聽

- 閉上眼睛，側耳傾聽。
- 小鳥婉轉的鳴叫聲、微風吹動樹木的聲音等等，仔細聽聽看這些平時無法聽到的聲音。
- 思考一下其他還可以聽到什麼聲音、聽到的又是什麼聲音等等。

✤試著去聞

- 聞聞看花朵、樹木、泥土的味道。
- 將樹葉撕碎，用手搓揉後聞聞看味道。
- 比較看看不同種類的味道有何不同。
- 一邊深呼吸，一邊仔細聞聞看風及雨的味道。

✤試著去品嘗

- 先在圖鑑上調查能夠食用的植物有哪些，試著品嘗看看。

舉例說明

能吃的植物：桑椹、野葡萄、木莓等
能做成點心的植物：艾草（艾草糕）、馬刀葉椎（橡實餅乾）等

要使用什麼工具來製作？

●使用符合用途的工具！

在大自然之中收集好材料後，請準備好符合用途的工具。
在此要介紹這些基本工具（標示◎符號）與有的話會更便利的工具（標示○符號）。

❊ 裁剪

剪紙張・葉子・細樹枝時：◎剪刀　○美工刀
剪粗樹枝時：○園藝剪
剪花朵時：○花剪
剪布時：○布剪
裁剪木板與粗樹枝時：○鋸子
鑽洞時：錐子

鋸子的用法

用單手牢牢地抓住要鋸開的物品，拿著鋸子的手由前往後拉，用力地鋸開。
＊如果切口參差不齊，就使用砂紙來磨平。

園藝剪的用法

用雙手牢牢地握住園藝剪，將要剪開的樹枝從下方固定，用力地剪下來。

❊ 削磨

○砂紙　○美工刀

❊ 黏貼

貼在紙上：◎糨糊
將葉子・樹枝・果實等黏在平坦面時：◎木工用接著劑
將果實或樹枝等黏在凹凸面時：○熱融膠

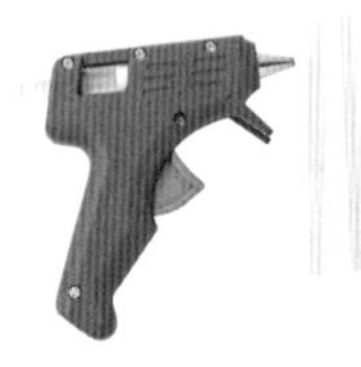

＊熱融膠是將棒狀的接著劑加熱後使用的。由於有高溫，請與大人一起使用。

❊ 上色

塗在紙上：◎水性顏料　○水性筆　○蠟筆
塗在樹枝・石頭・花盆上：○壓克力顏料　○油性筆
塗在布上：○繪布顏料

＊壓克力顏料及繪布顏料即使沾水也不會掉色。

❊ 縫合

○針線

＊ 平時就能收集的東西 ＊

平時會當作垃圾丟棄的東西，不妨保留下來，可以在製作作品時派上用場。從平日就開始收集這些東西吧！

- 空盒
- 木盒
- 空瓶
- 繩子・緞帶
- 布
- 麻袋
- 報紙・包裝紙
- 瓦楞紙
- 蛋殼
- 蔬菜切下不用的地方
- 裝飾完畢的花束裡的花與插花海綿
- 圖畫紙
- 不織布・羊毛氈
- 棉花
- 珠子
- 手工藝用的動物眼珠

專欄 5 了解大自然的結構

●息息相關的生命的故事

我們的周遭住著許多生物，包含了植物與動物。
這些不同種類的各式生物，對彼此來說都是不可或缺的存在。
一邊在大自然中探險，一邊去觀察它們之間有些什麼樣的關聯吧！

1 生命是息息相關的

生物是以「吃」與「被吃」的關係連結在一起的（亦即「食物鏈」）。
在此以石頭劇場（52頁）的繪畫為例介紹給大家。

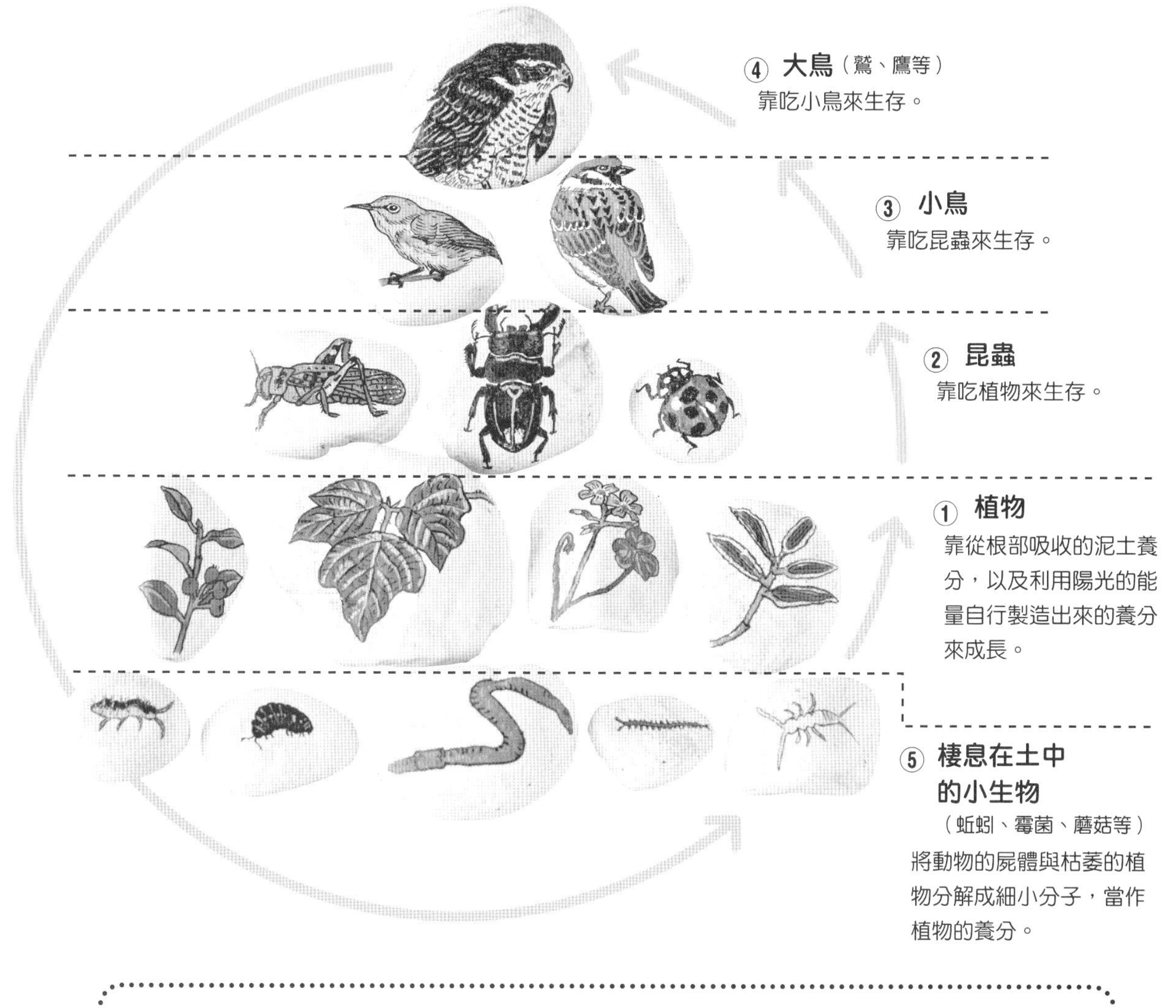

大自然的金字塔

在大自然中，會按照「①→②→③→④」的順序，數量逐漸變少；如果加以排列，就會變成金字塔的形狀。在土中棲息著數量龐大的微小生物（⑤），使得生態系統生生不息。

2 植物的結構（「光合作用」）

在生物之中，能夠自行製造養分出來的只有植物而已。
在此就為大家說明植物的結構。

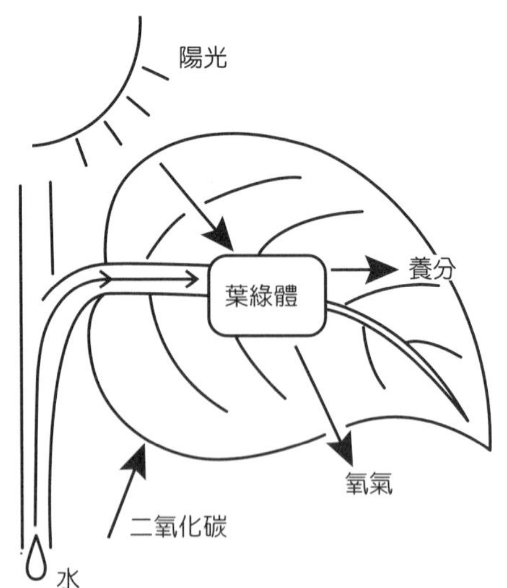

植物會利用陽光的能量，將空氣中的「二氧化碳」與從根部吸收的「水」作為材料，使用葉子裡的「葉綠體」來製造出養分（碳水化合物）與「氧氣」。這個結構就叫做「光合作用」。

人類與動物是吸入「氧氣」、呼出「二氧化碳」來生存的，而「氧氣」則是由植物的光合作用而產生的。

3 生物之間的合作

生物之間的聯繫並不只有「吃」與「被吃」的關係而已。
也有一種關係叫做「共生」，是由不同種類的生物彼此互相幫助的關係。

《例如：花與昆蟲的關係》

雄蕊的花粉沾附到雌蕊上（授粉），就能製造種子增加數量。

＊昆蟲從花朵中吸取花蜜，代價就是要替花朵搬運花粉。

為了吸取花蜜而在花朵之間來回穿梭。
這時，牠身上的雄蕊花粉就會沾附到雌蕊上，協助授粉的工作。

❖ 珍惜生命

如果地球上的樹木全部消失的話，會變成什麼情況呢？如果食物鏈中的生物有一種消失的話，會變成什麼情況呢？所有生物的生命都是息息相關的，我們每天呼吸的空氣、所吃的食物，也是來自於生物之間的連結。保護大自然，也就是保護我們自己的生命。

參考：「生物的連結」（Sustainable Academy Japan發行）

【給家長的話】

了解大自然的結構後，就比較容易理解為何要好好地珍惜生物。在平日與大自然的接觸中，一邊傳達「所有生物都是息息相關的」的觀念給孩子們，一邊進行遊玩與觀察。孩子若是有興趣的話，不妨一起查詢圖鑑，就能培養出他們對於自然科學的好奇心。

專欄6 觀察大自然的結構

實驗1 試著來做小型地球吧！

在大玻璃瓶中種植植物，做個小型生態系統吧！
即使蓋上蓋子不給它澆水，植物還是可以生存下去。

《材料》
玻璃瓶（1～4公升的附蓋保存瓶）
泥土．小石頭
植物（有帶根的植物）

《準備》
用鑷子挖取有帶根的草、苔蘚及泥土。

＊作法＊
1. 在玻璃瓶的底部鋪上小石頭，上面鋪上泥土，種植挖來的草及苔蘚。
2. 放入足夠讓泥土、草及苔蘚濕潤的水量。
3. 將玻璃瓶的蓋子蓋上，放在日照良好的窗邊，每週觀察一次。

■觀察看看
- 植物會長得多大呢？
- 玻璃瓶內側的水珠變成什麼狀態了？
- 枯萎的植物變得如何了？
- 會長出新的植物嗎？

■思考看看
- 為何不澆水植物也能生存呢？
- 明明蓋上蓋子、沒有空氣了，為何植物還是能夠生存呢？
- 如果不照射陽光的話，會變得如何呢？
- 植物要長大，需要哪些東西呢？

【給家長的話】
在密閉空間中，植物也能生存的原因是因為瓶子裡的養分與水分可進行循環的緣故。植物照射到陽光，就能進行光合作用，製造出氧氣；即使水分蒸發，也會變為水滴，再度回歸土壤。植物枯萎後，會被土中的微生物分解，成為新長出來的植物的養分。使用含有許多雜草種子的野外土壤來做實驗，試著觀察新植物發芽的模樣吧！

實驗2 試著來為花朵染色吧！

將白色花朵插入有顏色的水裡，觀察花朵的顏色會出現什麼變化。

《材料》
白花（康乃馨等）
食用色素（液狀）
杯子（或是透明玻璃瓶）
水
剪刀

＊作法＊
1. 在杯中放入多一點食用色素加以攪拌，做成較濃的色水。
2. 在水中斜斜地剪下一小段花莖，將水甩乾後放進1的杯中。

■觀察看看
- 白色的花變成什麼顏色了？
- 花了多久的時間才變色？
- 色水是經由哪裡才被吸到花朵上的？

【給家長的話】
植物是從根部吸收水分及養分，再搬運到葉子與花朵上使其成長的。透過色水染花的實驗，可以觀察到這個結構。如果是沒有根的切花，就會從莖部吸收水分，搬運至花瓣處。請使用液狀的食用色素，準備好各種顏色來觀察，就能讓實驗變得更加有趣。

試著使用模板來製作

描繪喜歡的圖案來製作作品吧！

＊迷宮遊戲（第14頁）

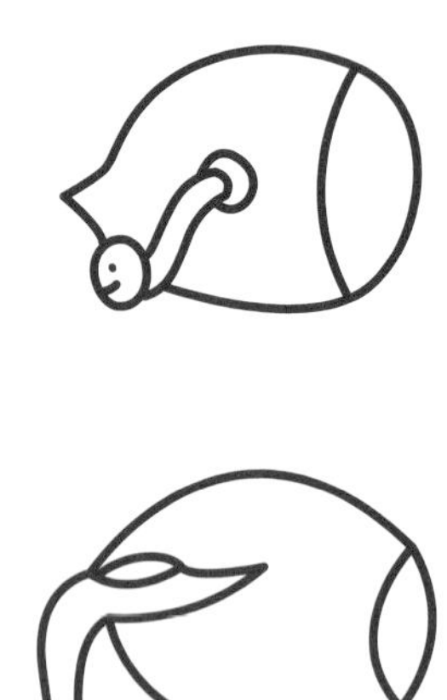

＊雨天彩繪（第45頁）

＊笑福面（第56頁）

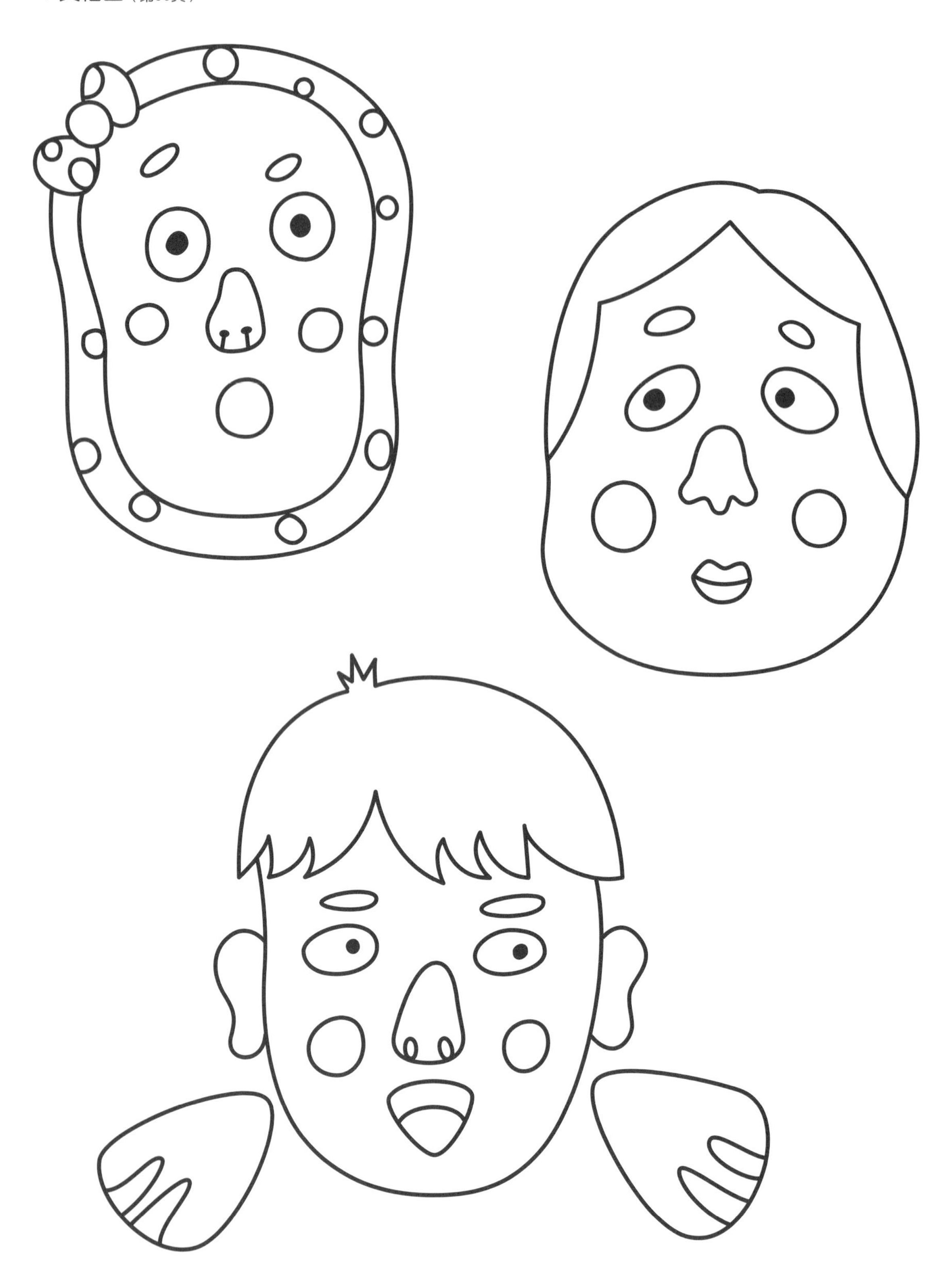

監修 · **光橋 翠**

野外教育指導員、Sustainable Academy Japan副代表、森林精靈教室導師。透過斯堪地那維亞半島政府觀光局的工作，接觸到北歐各國精彩的野外教育。離職後，將以幼兒為主要對象的野外教育普及活動作為終生事業，從事野外教育程序企劃及人才育成。編著有：《為幼兒所創造的環境教育》（新評論）。已是兩個孩子的母親。

Sustainable Academy Japan

以向瑞典等環境先進國家學習的野外教育系統為基礎，並以亞洲及日本的實際情況為根基，提供優質的環境教育企劃。www.susaca.jp

編 · **現役媽媽編輯團隊 machitoco**

從嬰幼兒到小學生，由一邊帶小孩的現役媽媽所組成的編輯團隊。由編輯媽媽們共同製作獻給媽媽們的書籍。編著有：《與大人膳食一起製作的嬰兒膳食》（日東書院本社）、《創造店面的ABC 小店面的創店方法 育兒創業並立篇》、《忙碌媽媽也能輕鬆做出讓孩子開心的便當》（皆為辰巳出版）等。http://machitoco.com/

日文原書工作人員

攝　影：壬生マリコ
設　計：嘉手川里恵（roulette）
編　輯：浅川淑子（machitoco）
　　　　石塚由香子（machitoco）
　　　　狩野綾子（machitoco）
企劃進行：鏑木香緒里
製作協助：Atelier JIMS http://at-jims.com/
　　　　田中美穂
企劃協助：下重喜代（Sustainable Academy Japan）
　　　　森下英美子（Sustainable Academy Japan）

國家圖書館出版品預行編目資料

親子DIY雜貨&玩具 / 光橋翠監修 ; 王曉維譯.
-- 二版. -- 新北市 : 漢欣文化, 2018.12
80面 ;19×26公分. -- (玩創藝 ; 1)
譯自 : 親子で作る! 自然素材のかんたん雑貨
　&おもちゃ
ISBN 978-957-686-762-0(平裝)

1.玩具 2.手工藝

426.78　　107020084

定價260元

玩創藝 1

親子DIY雜貨＆玩具（暢銷版）

監　　修 / 光橋翠
編　　者 / machitoco
譯　　者 / 王曉維
出 版 者 / **漢欣文化事業有限公司**
地　　址 / 新北市板橋區板新路206號3樓
電　　話 / 02-8953-9611
傳　　真 / 02-8952-4084
郵撥帳號 / 05837599 漢欣文化事業有限公司
電子郵件 / hsbookse@gmail.com
二版一刷 / 2018年12月

參考書籍：

《為幼兒所創造的環境教育～來自瑞典的禮物「森林精靈教室」》（岡部翠編著 新評論）
《生物的連結～環境紙劇場15則故事》（Sustainable Academy Japan）
《呼喚野鳥的庭園造景》（柚木修 · 柚木陽子著 千早書房）
《昆蟲的食草 · 食樹手冊》（森上信夫 · 林将之著 文一總合出版）
《從葉子遊覽樹木》（林将之著 小學館）